VBA para administradores
e economistas

VBA para administradores e economistas

Samy Dana
Henrique Vasconcellos

FGV EDITORA

Copyright © 2014 Samy Dana; Henrique Vasconcellos
Direitos desta edição reservados à Editora FGV

EDITORA FGV
Rua Jornalista Orlando Dantas, 37
22231-010 — Rio de Janeiro, RJ — Brasil
Tels.: 0800-021-7777 — (21) 3799-4427
Fax: (21) 3799-4430
editora@fgv.br pedidoseditora@fgv.br
www.fgv.br/editora

Impresso no Brasil | *Printed in Brazil*

Todos os direitos reservados. A reprodução não autorizada desta publicação, no todo ou em parte, constitui violação do copyright (Lei nº 9.610/98).

Os conceitos emitidos neste livro são de inteira responsabilidade dos autores.

1ª edição — 2014

Revisão: Tathyana Viana
Capa, projeto gráfico e diagramação: Letra e Imagem

FICHA CATALOGRÁFICA ELABORADA PELA
BIBLIOTECA MARIO HENRIQUE SIMONSEN/FGV

Dana, Samy
   VBA para administradores e economistas / Samy Dana, Henrique Vasconcellos. — Rio de Janeiro : Editora FGV, 2014.
   136 p.

   ISBN: 978-85-225-1477-9

   1. Visual Basic for applications (Linguagem de programação de computador). I. Vasconcelios, Henrique. II. Fundação Getulio Vargas. III. Título.

CDD — 005.133

Sumário

Os autores e os colaboradores 7
Introdução 9

1. Introdução ao VBE e ao VBA 11
2. Células e variáveis 19
3. Estruturas de repetição 27
4. Estrutura de seleção 47
5. Sub-rotinas, operadores, teclas úteis e funções pré-programadas ... 53
6. Objetos, propriedades e métodos 65
7. Criação de interfaces 79
8. Proteção aos códigos 103
9. Gráficos 107
10. Impressão 111
11. Tratamento de erros e depuração 115
12. Aprendendo a estruturar um programa de investimentos 121

Conclusão 133

Os autores

Samy Dana tem Ph.D em business, doutorado em administração, bacharelado e mestrado em economia. Atualmente é professor na Escola de Economia de São Paulo da FGV, coordenador de International Affairs e do Núcleo de Cultura e Criatividade (GV Cult). É consultor de empresas nacionais e internacionais dos setores real e financeiro e de órgãos governamentais. É autor dos livros *10 x sem juros* (Saraiva), em coautoria com Marcos Cordeiro Pires, *Como passar de devedor para investidor* (Cengage), em coautoria com Fabio Sousa, e *Estatística aplicada* (Saraiva), em coautoria com Abraham Laredo Sicsú. Escreve semanalmente, às segundas, no caderno "Mercado" da *Folha de S.Paulo*.

Henrique Vasconcellos tem graduação pela Escola de Administração de Empresas da Fundação Getulio Vargas (FGV EAESP). Junto com outros colaboradores da Escola de Economia de São Paulo e da Escola de Administração de Empresas de São Paulo da Fundação Getulio Vargas (FGV EESP e EAESP), ajudou o professor Samy Dana na realização deste livro sobre aplicações do VBA no Microsoft Excel. Fez estágio em Equity Research no Bradesco BBI e hoje é analista na RB Capital.

Os colaboradores

O projeto deste livro não teria acontecido sem a ajuda de importantes colaboradores: alunos da Escola de Economia de São Paulo (EESP) e da Escola de Administração de Empresas de São Paulo (EAESP), ambas da Fundação Getulio Vargas (FGV). Todos participaram ativamente com diversas contribuições para este trabalho, principalmente com exemplos, observações e explicações teóricas de alguns tópicos abordados ao longo dos capítulos.

A todos vocês, o nosso muito obrigado por toda a contribuição!
Arthur Solowiejczyk
Bruna Engler
Daniel de Lima
Eduardo de Rezende Francisco
João Lídio Bezerra Bisneto
Karina Choi
Luiza Kunz
Mariana Calabrez
Mauricio Chikitani
Miguel Longuini
Ricardo Ara
Rodrigo Cosmos
Rui Duprat
Victor Wong
Vitor Possebom

Introdução

A programação por meio do VBA (Visual Basic for Applications) é hoje uma importante ferramenta de decisão em quase todos os setores da economia. Por meio dela, o usuário consegue elaborar códigos para executar funções e atividades rotineiras de maneira mais rápida e organizada. Desde a tabulação de dados de venda de uma pequena empresa até a elaboração de gráficos de desempenho de ações para um analista do mercado financeiro, suas aplicações são infinitas e podem gerar valor para a companhia sem precisar fazer grandes investimentos.

Sua importância hoje no mercado de trabalho no Brasil e no exterior é enorme. Por meio de suas inúmeras utilidades e recursos, a produtividade dos trabalhadores e da própria empresa na realização de grandes atividades em planilhas do Microsoft Excel cresce à medida que o usuário entende e aplica o VBA. Inclusive estudantes de graduação, mestrado e doutorado podem usar (e usam) as aplicações do VBA para organizar suas atividades e realizar trabalhos escolares que exigem grande quantidade de informações.

Para candidatos a cargos de trabalho em diversos setores da economia, o conhecimento prévio na utilização do VBA é considerado um diferencial bastante significativo. Em carreiras na área de finanças, seja em empresas, seja no mercado financeiro, por exemplo, diversas atividades são potencializadas por meio de códigos construídos no VBA, como obtenção de dados, diversos cálculos realizados apenas com um clique etc. Portanto, conhecer os princípios desta poderosa ferramenta é de grande utilidade na carreira de muitas pessoas.

Para quem deseja abrir seu próprio negócio ou para quem já o fez, é possível criar, por meio do VBA, ferramentas que possam acelerar a organização de todos os dados da sua empresa. É possível, por exemplo, criar uma plataforma que organize para um novo cliente todas as informações que ele precisa para escolher um produto. Dessa maneira, além da satisfação do cliente com o serviço, essa mesma plataforma organiza as demandas necessárias para o empreendedor tomar todas as iniciativas a fim de atender seu público-alvo.

Para o usuário comum do Microsoft Excel, a programação em VBA também tem bastante valor. A utilização de planilhas para atividades escolares, um pequeno banco de dados pessoal ou qualquer outro tipo de função é uma forma de organização eficiente e que pode ser melhorada com o VBA. Com um único código específico para determinada atividade, é possível realizar grandes atividades em poucos segundos e aumentar as possibilidades de trabalho dentro da sua atual planilha. Desde o preenchimento de clientes que estejam devendo ou não à sua empresa ou mesmo para personalizar sua planilha, qualquer usuário do Microsoft Excel terá um aumento de sua capacidade de criar soluções para suas atividades.

Em resumo, as possibilidades do uso da programação em VBA são infinitas, para profissionais aplicarem soluções a suas empresas, para empreendedores buscando minimizar custos e aumentar a produtividade, até para usuários comuns das planilhas do Microsoft Excel. O objetivo deste livro é mostrar exemplos de ferramentas para as mais diversas necessidades do leitor.

1

Introdução ao VBE e ao VBA

Neste primeiro capítulo os conceitos básicos da programação VB serão apresentados. Com um passo a passo para os iniciantes no assunto, o leitor vai começar a entender a lógica deste tipo de programação e a realizar suas atividades com a construção de códigos básicos.

Conceitos básicos

O Visual Basic (VB) é uma linguagem de programação baseada na linguagem Basic. Essa linguagem é visual e é dirigida por eventos, orientada a objetos.

O Visual Basic for Applications (VBA) é uma linguagem derivada do VB, que permite a criação de macros e pode ser utilizado por todos os produtos do pacote Office da Microsoft. Uma macro é um conjunto de instruções formulado para facilitar operações frequentemente repetidas, de acordo com as regras estabelecidas na programação.

O Visual Basic Editor (VBE) é uma linguagem derivada do VB, que auxilia na criação de macros.

Para acessar o Visual Basic, abra o Microsoft Excel 2010. Em seguida, clique no menu "Arquivo" e depois em "Opções". Na janela "Opções do Excel", na opção "Geral", habilite a opção "Mostrar Minibarra de Ferramentas após seleção".

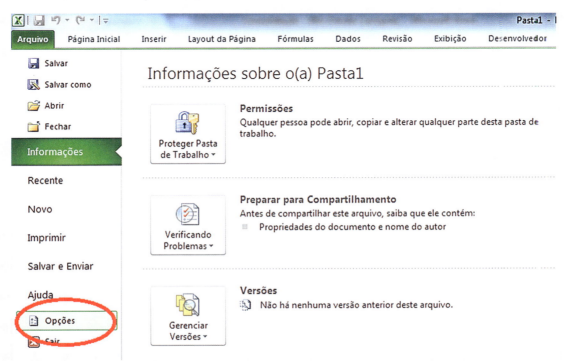

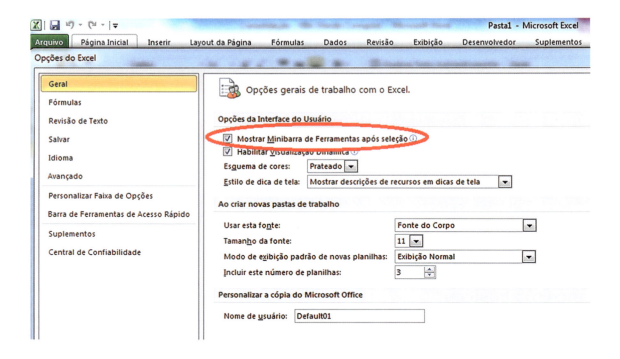

Para finalizar, clique em "Central de Confiabilidade", depois em "Configurações da Central de Confiabilidade", "Configuração de Macros" e na opção "Habilitar todas as macros".

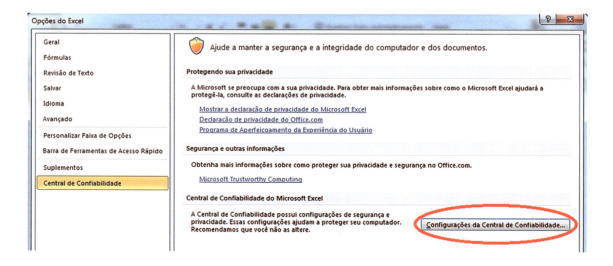

Introdução ao VBE e ao VBA

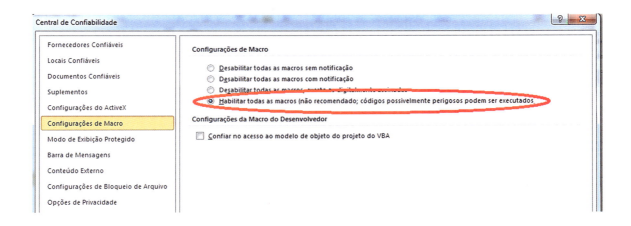

Pressione o botão "OK" para fechar as duas janelas.

Com isso, será aberta uma opção na janela do Excel com nome "Desenvolvedor", que será uma peça extremamente importante para a criação das macros e a utilização do VBA.

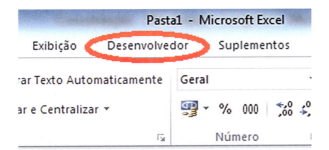

Caso não tenha sido aberta automaticamente a aba "Desenvolvedor", volte às "Opções do Excel", clique em "Personalizar Faixa de Opções" e selecione a guia principal "Desenvolvedor", conforme a figura a seguir.

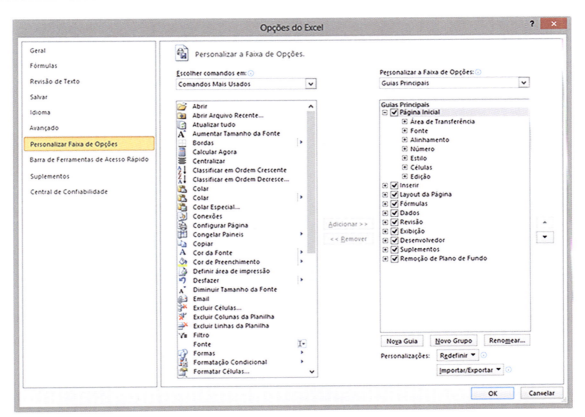

Na janela "Desenvolvedor", clique em "Visual Basic" e o ambiente do VB vai estar disponível para o início de trabalho. O Excel continua aberto e funcionando mesmo com a janela do VB aberta, pois os códigos elaborados no VB serão utilizados no próprio Excel. Para facilitar o trabalho de programação, divida em duas partes a tela do computador com as janelas do Excel e do Visual Basic. E para voltar do VB para o Excel, clique no botão com o símbolo do Excel abaixo do botão "arquivo" do VB.

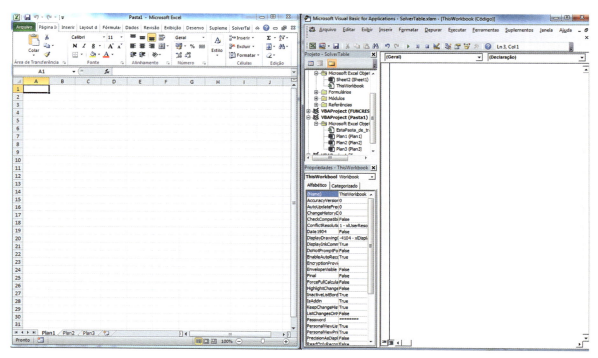

Janela de projeto

Para acessar a janela "Projeto", clique no botão "Project Explorer" ou utilize o comando Ctrl+R como atalho. Esta janela será o espaço no qual as programações serão desenvolvidas e escritas. No arquivo EstaPasta_de_Trabalho estão todas as macros relacionadas ao arquivo do Excel em questão. Cada um dos planos (plan1, plan2 e plan3) significa os três planos do Excel utilizados em cada aba.

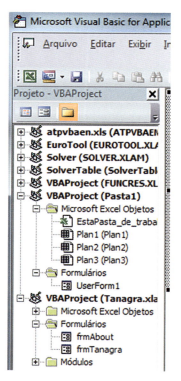

Propriedades

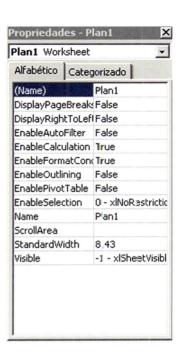

Para acessar a janela Propriedades, clique no botão "Janela Propriedades" ou utilize o comando F4. Esta janela mostra as propriedades de cada objeto do projeto. A descrição e a utilização das propriedades desta janela serão discutidas adiante. Por meio desta janela é possível realizar diversas modificações nas programações que serão construídas.

Gravação de macros

A gravação de macros visa facilitar o trabalho do usuário na realização de atividades repetitivas e muitas vezes complexas. A macro grava uma série de ações para serem reproduzidas quando o usuário desejar.

Para gravar uma macro, clique no botão "Gravar Macro" na barra "Desenvolvedor" do Excel. No campo de "Nome da Macro", coloque o nome que desejar, sem começar com números nem permitir espaço entre as palavras. Caso não denomine as macros, o Excel vai atribuir um nome-padrão (Macro1, Macro2 etc.). Na mesma janela, é possível criar um comando para esta macro com o botão *Ctrl* mais outro qualquer e realizar uma pequena descrição da macro.

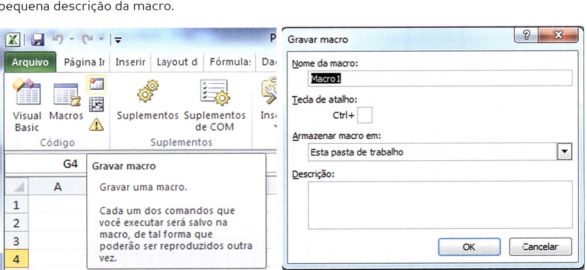

No exemplo de gravação, escreva na célula A1 uma palavra qualquer. Em seguida, aperte *Enter* e clique em "Parar Gravação" (este botão é o mesmo do "Gravar Macro"). Com isso, você realizou a gravação completa de uma macro. Para realizar qualquer macro, clique no botão "Macros", selecione a macro desejada e clique em "Executar". Como exemplo, apagando a palavra digitada na célula A1 e selecionando a macro para ser executada, o nome reaparece no mesmo local. Para visualizar, no Visual Basic, o código criado, clique em "Editar" no botão Macros e abra o VB.

Os códigos do VB e do VBA são salvos junto da própria planilha, usualmente, e deve-se escolher, ao salvar, a opção "Pasta de Trabalho Habilitada para Macro do Excel (xlsm)". Sem determinar essa forma para salvar o arquivo, a estrutura construída pelo usuário vai se perder.

O VBA possui duas formas de construção de códigos: Sub e Function. A maioria dos códigos construídos ao longo deste livro usará a forma Sub para iniciar o código e o End Sub ou End

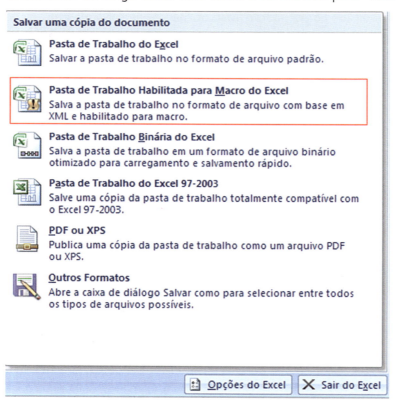

Function para finalizá-lo. A Sub será utilizada quando o código possui um processamento autônomo, sem necessidade de emitir nenhuma informação extra. Já a Function será utilizada quando o código precisar emitir algum tipo de resultado, como uma função matemática, por exemplo. De forma resumida: uma Function pode assumir o papel de uma Sub, mas o contrário não é verdadeiro. Se o usuário, entretanto, souber utilizar cada forma corretamente, a sua estrutura construída será mais eficiente.

Outra função interessante para a gravação de macros é ajudar o usuário a descobrir como seriam os comandos do VBA de tarefas que você faz usualmente. Um exemplo seria: se você mandar gravar uma macro e fizer a seguinte sequência de ações — selecionar as células A1 até A3, copiá-las e colar especial (valores) na célula H3 — e terminar a gravação, quando você for ao VBA ver o novo módulo em que foi salvo, você encontrará o código desta maneira:

```
Sub Macro1( )
Macro1 Macro
Range("""A1:A3").Select
Selection.Copy
Range("H3").Select
Selection.PasteSpecial Paste:=xlPasteValues, Operation:=xlNone, SkipBlanks _
    :=False, Transpose:=False
End Sub
```

Por fim, é possível, ao escrever qualquer código no VBA, inserir comentários ao lado dos comandos. Para que isso ocorra, basta digitar apóstrofo (aspas simples) no seu teclado e começar a digitar o comando. Todo o texto digitado após o apóstrofe será considerado um comentário e não terá efeito sobre a execução dos códigos.

O exemplo a seguir mostra como ficaria a explicação de um determinado código pelo usuário.

```
Sub teste( ) 'Teste realizado para identificar se determinado aluno foi reprovado ou não
    If Range("B2") < 6 Then
        Range("B2") = "Reprovado" 'Se o valor for menor que 6, será reprovado
    Else
        Range("B2") = "Aprovado" 'Se o valor não for menor que 6, será aprovado
    End If
End Sub
```

Projeto e propriedades

Em um arquivo Excel, um projeto é constituído pela pasta de trabalho, planilhas, módulos e formulários. Ao selecionar a pasta de trabalho ou as planilhas, é possível ver seus módulos e programá-los.

Conforme já discutido, os módulos podem ser divididos em dois grandes grupos: Sub e Function. A principal diferença entre eles é que as Subs são as macros que executam ações e as Functions fazem cálculos e retornam um resultado final.

Antes de criar Subs e Functions, é necessário o conhecimento de algumas regras em relação ao nome das mesmas:
1. É obrigatório o nome começar com uma letra.
2. Não é possível ter hífen nem espaço.
3. Não pode conter nenhum palavra-chave específica do VBA, por exemplo os nomes das funções preexistentes.

Para criar uma Sub, basta digitar no módulo "Sub Nomedasub" e apertar Enter. O Excel, automaticamente, irá configurar a Sub que acabou de criar na seguinte forma:

```
Sub Nomedasub( )
End Sub
```

Exemplo de Sub

```
Sub Msgdeaviso( )
Aviso = MsgBox ("Sorria, você está sendo filmado", "Câmera")
End Sub
```

Para criar Functions, é o mesmo procedimento das Subs feito acima: basta digitar no módulo "Function Nomedafuncao" e apertar Enter. O Excel automaticamente irá configurar a função que acabou de criar na seguinte forma:

```
Function Nomedafuncao( )
End Function
```

2

Células e variáveis

Quase toda a programação VBA tem como objetivo acessar valores de células da planilha Excel. Os dois objetos mais utilizados são Cells e Range. A primeira acessa uma única célula, enquanto a segunda acessa um intervalo delas. Neste capítulo, o leitor vai aprender como cada objeto funciona e vai observar diversos exemplos de funcionamento.

Cells

A propriedade Cells retorna uma única célula definida por dois argumentos. Para acessar uma célula é preciso introduzir o comando Cell (x,y), em que X é o número da linha e Y é o número da coluna.

Exemplo: Se eu introduzir o comando Cells(4,5)=6, vou colocar o valor 6 na célula E4. Utiliza-se também, entre o valor e o comando Cells, a palavra "Value", porém ela pode ser omitida. O ponto entre o comando e a palavra "Activate" também é necessário.

A Cells pode ser utilizada pelo método de Select ou Active, que irá selecionar ou ativar certa célula. Quando é selecionada, passa a ser acessada através do objeto ActiveCell, como podemos observar no código abaixo.

```
Sub teste( )
        Cells(4,5).Active
        ActiveCell = 6
End Sub
```

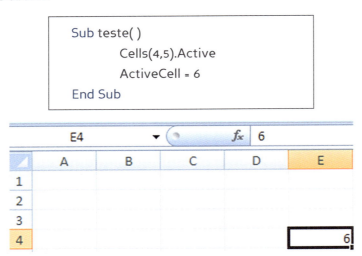

Por meio da Cells, é possível também selecionar apenas uma determinada célula dentro da planilha. O primeiro argumento define o número da linha; o segundo, o número da coluna e a interseção de ambos na planilha. No exemplo a seguir, a célula C4 deverá ser selecionada por meio do código no VBA.

```
Sub teste()
Cells(4,3).Select
End Sub
```

Range

No exemplo acima acessamos uma única célula. Com o objeto Range, é possível acessar um intervalo de células. Pelo comando Range(célula-1célula-2), a célula-1 se torna o início e a célula-2 o final do intervalo, respectivamente. Para escrever a célula desejada do início e do final do intervalo, podemos usar a forma de escrever as células do item anterior ou simplesmente escrever a célula desejada.

No primeiro exemplo, é possível selecionar um intervalo determinado e colocar o valor desejado em cada célula. No caso, foi utilizado o comando Range(célula-1,célula-2), em seguida o valor que se deseja colocar nas células.

```
Sub teste1( )
      Range(Cells(1,1),Cells(4,3)) = 4
End Sub
```

No segundo exemplo, é selecionado um intervalo, porém apenas a primeira célula recebe o valor determinado.

```
Sub teste( )
      Range("A1:D4").Activate
      ActiveCell = 6
End Sub
```

Assim como na Cells, é possível utilizar o Activate, que ativa todo o intervalo indicado pelo usuário. Após a instrução, a primeira célula do intervalo se torna a célula ativa. O exemplo acima mostra como o código fica.

Células e variáveis

É possível também alinhar a Cells e o Range em um mesmo código. Dessa maneira, as propriedades juntas podem selecionar uma célula dentro de um intervalo determinado. No exemplo a seguir, dentro do intervalo C2:H10, será selecionada a célula F4.

```
Sub teste3()
Range("C2:H10").Cells(3,4).Select
End Sub
```

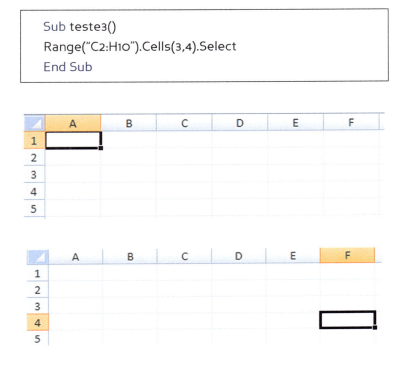

Offset

A propriedade Offset retorna um intervalo deslocado. O deslocamento é definido por dois argumentos: o primeiro define a linha; o segundo, o número da coluna. No exemplo a seguir, é possível observar que, a partir do ponto zero A1, o Excel vai buscar a próxima célula de linha 2 e coluna 4. O intervalo, portanto, foi deslocado a partir da célula determinada pelo Range.

```
Sub teste2()
Range("A1").Offset(4,2).Select
End Sub
```

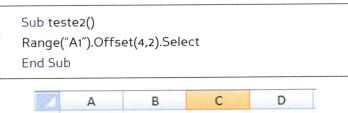

Resize

A propriedade Resize retorna um intervalo a partir da primeira célula do intervalo inicial. Na prática, por meio dela também é possível selecionar um determinado intervalo de células. No exemplo a seguir, é possível observar que, a partir da célula B2 e usando o intervalo de seis colunas para baixo, é possível selecionar uma coluna de células.

```
Sub teste5()
Range("B2").Resize(6,1).Select
End Sub
```

Vetores e matrizes

Vetores e matrizes são estruturas de dados relacionados às funções anteriormente descritas. O resumo do código é:

```
Dim nome_da_variável (dimensão) As tipo_da_variável
Ou
Dim nome_da_variável(intervalo) As tipo_da_variável
```

"Dimensão" é descrito como um valor que mostra a quantidade de elementos da estrutura (também chamado de Vetor). Os elementos são acessados por um índice iniciando por 0 e indo até *dimensão-1*.

"Intervalo" é usado com a estrutura (A to B), sendo A e B números inteiros que informam o limite do intervalo de índices válidos na operação do código.

```
Dim palavras (3) As String
Dim valores (2 To 8) As String
palavras (0) = "Finanças"
valores (6) = 10
```

As matrizes são estruturas com índices multidimensionais. A estrutura básica do código é:

```
Dim nome_da_variavel (índice_1, índice_2) As tipo_da_variavel
```

Índice_1 e *Índice_2* podem ser uma dimensão ou intervalo.

Tipos de variáveis

As variáveis são utilizadas em todas as linguagens de programação. O uso de uma variável tem como objetivo mostrar qual tipo de valor matemático é permitido utilizar na sua operação

Por meio de "Nome_da_variável", é possível acessar a variável que melhor se encaixa nos objetivos do usuário. Vale lembrar que o nome não pode iniciar com algarismos nem conter espaços em branco. Dentro dessas limitações, cabe ao usuário a decisão de escolha do nome desejado. No VB e no VBA não há distinção entre letras maiúsculas e minúsculas em geral. Isso também vale para os nomes das variáveis.

"Tipo_da_variável" mostra qual é a informação que será utilizada. As principais são:

- **Boolean** — 2 bytes — Permite armazenar valores booleanos, ou seja, True ou False.

```
Sub conversão( )
Dim d, e, f As Integer
Dim conver As Boolean
d = 5
e = 5
' Verifica se é True
Conver = CBool (d = e)
f = 0
Cells (1,1) = conver
' Verifica se é False
Check = CBool (f = e)
Cells (1,2) = conver
End Sub
```

	A	B
1	VERDADEIRO	FALSO
2		

- **Byte** — 1 byte — Permite armazenar números inteiros sem sinal entre 0 e 255.
- **Double** — 8 bytes — Permite armazenar um número real de $-1{,}79769313486232E308$ a $-4{,}94065645841247E{-}324$ para valores negativos e de $1{.}79769313486232E308$ a $4{,}94065645841247E{-}324$ para valores positivos.

```
Sub tipo()
Dim asDouble As Double
Dim asByte As Byte
asDouble = 125.5678
Cells (1,1) = asDouble
'A linha abaixo mostra o formato asByte
asByte = CByte (asDouble)
Cells (1,2) = asByte
End Sub
```

	A	B
1	125,5678	126
2		

- **Currency** — 8 bytes — Permite armazenar moeda.
- **Date** — 8 bytes — Permite armazenar datas.
- **Single** — 4 bytes — Permite armazenar um número real de −3.402823E38 a −1.4011298E-45 para valores negativos e de 3.402823E38 a 1.4011298E-45 para valores positivos.
- **Integer** — 2 bytes — Permite armazenar números inteiros entre −32.768 e 32.767.
- **Long** — 4 bytes — Permite armazenar números inteiros entre −2.147.483.648 e 2.147. 483.648.
- **Object** — 4 bytes — Utilizado para fazer referência a um objeto do Excel.
- **String** — 1 byte por caractere — Permite armazenar conjuntos de caracteres.
- **Variant** — 16 bytes — Permite armazenar qualquer tipo de dado.

```
Sub variant_example ()
Dim salario As Variant
Do While x<> "ok"
Salario = InputBox ("Insira o salário do Funcionário")
If Not IsNumeric(salário) Then
MsgBox "Insira apenas números"
X = 0
Else
salario = Format (salário, "R$##,###.00")
x = "ok"
MsgBox salário
End If
Loop
End Sub
```

- **User-Defined** — Permite armazenar valores de tipos diferentes.

Obs.: Os comandos Loop e as condições do If serão discutidos nos próximos capítulos.

Conversão

É possível no VBA ter funções que fazem a conversão de uma expressão numérica ou String para outra forma.

O raciocínio é simples. Quando há um número inserido em uma TextBox, esse número será tratado como String (texto), devido ao fato de ser uma Caixa de Texto. Se em algum momento for realizada alguma operação matemática na planilha com esses valores, a operação não poderá ocorrer. Logo, é necessário introduzir algo para converter esta String para números inteiros e, desse modo, conseguir realizar a construção correta do código.

A lista com as conversões possíveis estão abaixo:
- CBool(expressão) — Retorna um valor booleano.
- CByte(expressão) — Retorna um byte.
- CCur(expressão) — Retorna um currency.

Células e variáveis

- CDate(expressão) — Retorna uma data.
- CDbl(expressão) — Retorna um Double.
- CInt(expressão) — Retorna um inteiro (Integer).
- CLng(expressão) — Retorna um inteiro longo (Long).
- CSng(expressão) — Retorna um Single.
- CStr(expressão) — Retorna uma String.
- CVar(expressão) — Retorna um Variant.

Se necessário transformar uma String de uma TextBox já criada para um número inteiro, deve-se usar:

> Numero = CInt (TextBox1)
> Numero = CSng (TextBox1)
> Numero = CDbl (TextBox1)

Verificação de tipos

É possível identificar se a função criada no Visual Basic é de determinada variável. As principais formas de fazer essa identificação são:

- IsNumber — Verifica se é número.
- IsDate — Verifica se é data.
- IsText — Verifica se é texto.
- IsError — Verifica se é erro.
- IsEmpty — Verifica se é vazio.
- IsNull — Verifica se é nulo.
- IsBlank — Verifica se está em branco.

Um exemplo da aplicação desta macro é mostrado no código a seguir:

```
Sub data()
    If IsDate (Range("B3")) Then
        MsgBox "A Célula é uma Data"
    Else
        MsgBox "A Célula não é uma Data"
    End If
End Sub
```

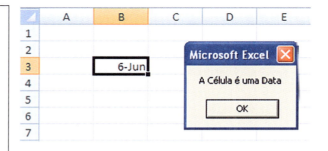

Fórmulas do Excel

É possível, por meio das variáveis, colocar fórmulas no VBA. Um exemplo é o cálculo da média de pontos de um determinado jogador de basquete nos cinco primeiros jogos de uma temporada. A posição Single indica uma variável local.

```
Sub teste1( )
    Dim media As Single, m1 As Single
    Dim m2 As Single, m3 As Single, m4 As Single, m5 As Single

    M1 = Cells (3,3)
    M2 = Cells (4,3)
    M3 = Cells (5,3)
    M4 = Cells (6,3)
    M5 = Cells (7,3)
    Media = (m1 + m2 + m3 + m4 + m5) / 5
    Cells (8,3) = media
End Sub
```

	A	B	C
1	Henrique Vasconcellos		
2			
3		Partida 1	23
4		Partida 2	17
5		Partida 3	18
6		Partida 4	29
7		Partida 5	12
8		Média Parcial	

	A	B	C
1	Henrique Vasconcellos		
2			
3		Partida 1	23
4		Partida 2	17
5		Partida 3	18
6		Partida 4	29
7		Partida 5	12
8		Média Parcial	19.8

3

Estruturas de repetição

Um Loop é realizado com o objetivo de repetir tarefas dentro da própria função, de acordo com as condições predefinidas. Essas condições podem ser um número específico de repetições ou mesmo critérios de comparações de caracteres. Neste capítulo serão abordadas as seguintes estruturas:
- Do Until Loop.
- Do While Loop.
- While Wend.
- Do Loop Until.
- Do Loop While.
- For Next.
- For Each Next.

Do Until Loop

Nesta estrutura, as condições de repetições são criadas para repetir o processo circular até que seja satisfeita a condição desejada. A estrutura básica desse comando é:

> Do Until <Condição>
> <Comandos>
> Loop

Exemplo 1: A macro abaixo escreve a palavra "Programação" nas cinco primeiras linhas de uma planilha. Sendo assim, a condição que encerra o número de repetições será a variável linha = 5.

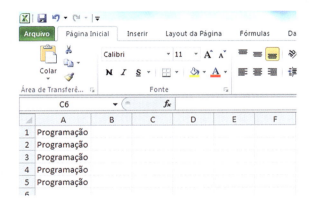

```
Sub DoUntil1()
Dim linha As Integer
Linha = 0
Do Until linha = 5
Linha = linha + 1
Cells (linha, 1) = "Programação"
Loop
End Sub
```

Exemplo 2: A mesma palavra do exemplo anterior (Programação) é escrita na terceira coluna, sendo que as quatro primeiras linhas permanecem vazias. Note-se que a condição será satisfeita quando linha = 5; essa mesma condição pode ser alterada caso o objetivo seja escrever em mais células da planilha.

```
Sub DoUntil2()
Dim linha As Integer
Linha = 4
Do Until linha = 5
Linha = linha + 1
Cells (linha, 3) = "Programação"
Loop
End Sub
```

Exemplo 3: Outra maneira de realizar o exemplo acima é ter como comando a ser satisfeito uma palavra. Nesse caso, a palavra "Programação" será escrita em várias linhas da primeira coluna até a célula que contenha a palavra "Pare", começando pela primeira linha.

```
Sub DoUntil3()
Cells (1,1). Select
Dim linha As Integer
Linha = 0
Do Until ActiveCell = "Pare"
ActiveCell = "Programação"
Linha = linha + 1
Cells (linha, 1).Select
Loop
End Sub
```

Este exemplo deve ser executado quando existir alguma célula na primeira coluna da planilha com o conteúdo "Pare". Caso contrário, será executado indefinidamente até o final da planilha.

Estruturas de repetição

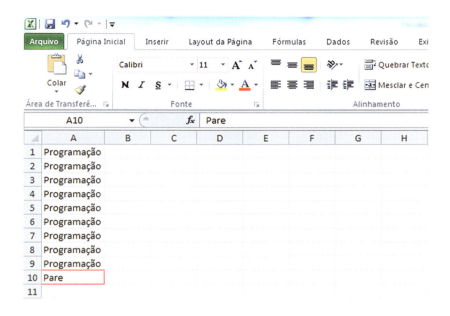

Exemplo 4: A palavra "VBA" será escrita nas cinco primeiras colunas e linhas formando uma matriz 5x5.

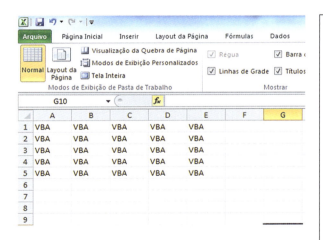

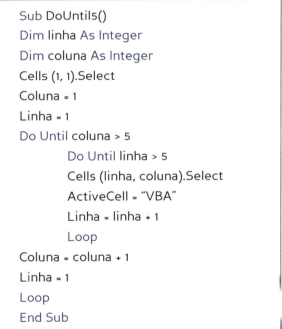

```
Sub DoUntil5()
Dim linha As Integer
Dim coluna As Integer
Cells (1, 1).Select
Coluna = 1
Linha = 1
Do Until coluna > 5
        Do Until linha > 5
        Cells (linha, coluna).Select
        ActiveCell = "VBA"
        Linha = linha + 1
        Loop
Coluna = coluna + 1
Linha = 1
Loop
End Sub
```

Do While Loop

Repete uma rotina enquanto uma condição é satisfeita. A estrutura básica desse comando é:

```
Do While <Condição>
<Comandos>
Loop
```

Exemplo 5: Assim como no exemplo 1, a palavra "Programação" é escrita em todas as células da primeira coluna até a linha 5. Logo, a condição estará dentro do limite desejado enquanto a linha é menor que 5.

```
Sub DoWhile1( )
Dim linha As Integer
Linha = 0
Do While linha < 5
Linha = linha + 1
Cells (linha, 1) = "Programação"
Loop
End Sub
```

Exemplo 6: "Programação" é escrito nas células da primeira linha até a coluna 8, partindo da coluna 3.

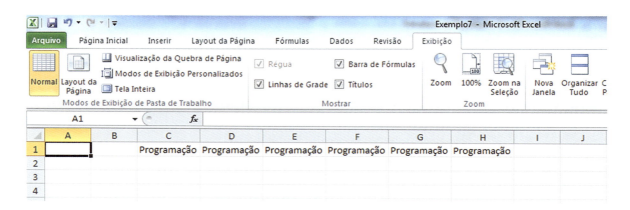

```
Sub DoWhile2()
Dim coluna As Integer
Coluna = 2
Do While coluna < 8
Coluna = coluna + 1
Cells (1, coluna) = "Programação"
End Sub
```

Exemplo 7: Em todas as células da primeira coluna que não contenham a palavra "Pare" será escrita a palavra "Programação".

Estruturas de repetição

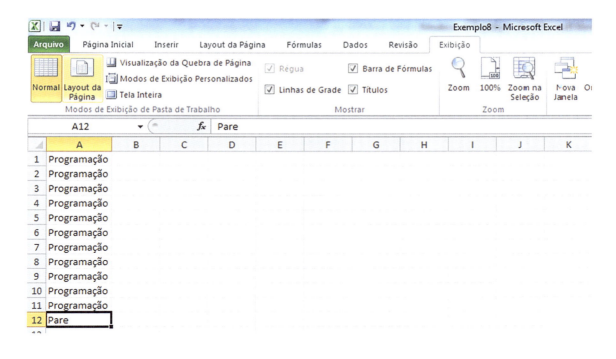

```
Sub DoWhile3()
Range ("A2").Select
Dim linha As Integer
Linha = 0
Do While ActiveCell <> "Pare"
Linha = linha + 1
ActiveCell = "Programação"
Cells (linha, 1).Select
Loop
End Sub
```

Exemplo 8: Substitui as palavras "Programação" do exemplo 1 pela palavra "VBA". O Loop é realizado enquanto as linhas da primeira coluna contiverem a condição de comando.

```
Sub DoWhile4()
Cells (1, 1). Select
Dim linha As Integer
Linha = 1
Do While ActiveCell = "Programação"
Linha = linha + 1
ActiveCell = "VBA"
Cells (linha, 1). Select
Loop
End Sub
```

Exemplo 9: Calcula a média das provas na quarta coluna.

	A	B	C	D
1	NOME	PROVA 1	PROVA 2	Média
2	Ana	6	9	7,5
3	André	5	7	6
4	Bruna	10	8	9
5	Gabriel	8	4	6
6	Jõao	8	10	9
7	Lucas	9	3	6
8	Mariana	9	3	6
9	Rafaela	6	5	5,5
10	Rene	3	5	4
11	Vitor	8	2	5

```
Sub DoWhile5()
Range("D2"). Select
Do While IsEmpty(ActiveCell.Offset (0, -1)) = False
ActiveCell.FormulaR1C1 = " = Average( RC[ -1], RB [ -2] )"
ActiveCell.Offset(1, 0). Select
Loop
End Sub
```

While Wend

A estrutura While Wend tem a mesma funcionalidade que a Do While Loop. Assim como na última, deve existir uma condição a ser satisfeita, ou seja, um comando é realizado enquanto a condição em questão é verdadeira.

```
While <Condição>
<Comandos>
Wend
```

Exemplo 10: A palavra "Programação" é escrita nas primeiras cinco linhas da planilha.

```
Sub WhileWend1()
Dim linha As Integer
Linha = 0
While linha < 5
Linha = linha + 1
Cells (linha, 1) = "Programação"
Wend
End Sub
```

Exemplo 11: A palavra "Programação" é escrita em todas as células da primeira coluna até a célula que contenha a palavra "Pare".

```
Sub WhileWend2()
Cells (1, 1). Select
Dim linha As Integer
Linha = 1
While ActiveCell <> "Pare"
Linha = linha + 1
ActiveCell = "Programação"
Cells (linha, 1). Select
Wend
End Sub
```

Exemplo 12: A palavra "Programação" é escrita em todas as células da quinta coluna partindo da segunda linha até a célula que contenha a palavra "Pare".

```
Sub WhileWend3()
Cells (2, 5). Select
Dim linha As Integer
Linha = 2
While ActiveCell <> "Pare"
Linha = linha + 1
ActiveCell = "Programação"
Cells (linha, 5). Select
Wend
End Sub
```

Exemplo 13: A palavra "Programação" nas células da primeira coluna é substituída pela palavra "VBA".

```
Sub WhileWend4()
Cells (1, 1). Select
Dim linha As Integer
Linha = 1
While ActiveCell = "Programação"
Linha = linha + 1
ActiveCell = "VBA"
Cells (linha, 1). Select
Wend
End Sub
```

Exemplo 14: Com base no exemplo 9, os alunos serão avaliados pelos seus respectivos desempenhos nas provas, sendo aprovados ou reprovados. A condição Loop realizará o comando enquanto a célula da esquerda não estiver vazia, ou seja, enquanto ainda tiver alunos com notas estabelecidas. Se a média das notas do aluno for menor que seis, essa nota será substituída por "Reprovado"; caso contrário, será escrito "Aprovado".

	A	B	C	D	E
1	Nome	Prova 1	Prova 2	Média	Situação
2	Ana	6	9	7.5	
3	André	5	7	6	
4	Bruna	10	8	9	
5	Gabriel	8	4	6	
6	João	8	10	9	
7	Lucas	9	3	6	
8	Mariana	9	3	6	
9	Rafaela	6	5	5.5	
10	Rene	3	5	4	
11	Vitor	8	2	5	

```
Sub WhileWend5()
Range ("D2"). Select
While IsEmpty(ActiveCell.Offset ( 0, -1) ) = False
If ActiveCell < 6 Then
ActiveCell.Offset (0, 1) = "Reprovado"
Else
ActiveCell.Offset (0, 1) = "Aprovado"
End If
ActiveCell.Offset (1, 0). Select
Wend
End Sub
```

	A	B	C	D	E
1	Nome	Prova 1	Prova 2	Média	Situação
2	Ana	6	9	7.5	Aprovado
3	André	5	7	6	Aprovado
4	Bruna	10	8	9	Aprovado
5	Gabriel	8	4	6	Aprovado
6	João	8	10	9	Aprovado
7	Lucas	9	3	6	Aprovado
8	Mariana	9	3	6	Aprovado
9	Rafaela	6	5	5.5	Reprovado
10	Rene	3	5	4	Reprovado
11	Vitor	8	2	5	Reprovado

Do Loop Until

A diferença entre o Do Until Loop e a estrutura Do Loop Until está na condição testada. Na primeira estrutura, a condição antecede o Loop; na segunda, é dada após o Loop Until. O funcionamento dessas estruturas é o mesmo. A diferença está na execução do Loop uma primeira vez antes da verificação da condição, no caso da estrutura Do Loop Until.

Exemplo 15: Para entender melhor a diferença entre as duas estruturas, o exemplo é repetido. Nesse exemplo, a palavra "Programação" é escrita nas primeiras cinco linhas de uma planilha. Sendo assim, a nossa condição que encerrará o número de repetições é linha = 5.

```
Do
<Comandos>
Loop Until <Condição>
```

```
Sub LoopUntil1()
Dim linha As Integer
Linha = 0
Do
Linha = linha + 1
Cells (linha, 1) = "Programação"
Loop Until linha = 5
End Sub
```

Exemplo 16: A palavra "VBA" é escrita nas sete primeiras linhas e colunas, formando uma matriz 7x7.

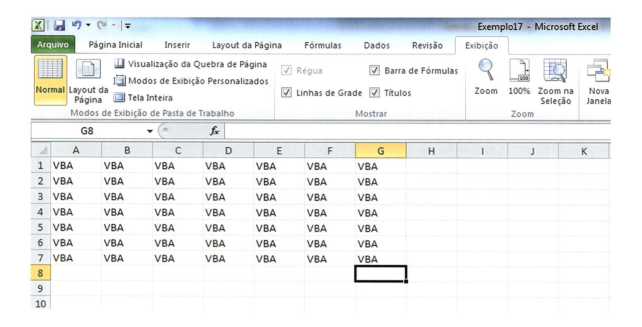

```
Sub LoopUntil2()
Dim linha As Integer
Dim coluna As Integer
Cells (1, 1). Select
Coluna = 1
Linha = 1
Do
        Do
        Cells (linha, coluna). Select
        ActiveCell = "VBA"
        Linha = linha + 1
        Loop Until linha > 7
Coluna = coluna + 1
Linha = 1
Loop Until coluna > 7
End Sub
```

Exemplo 17: Assim como no exemplo 9, é calculada a média das notas dos alunos. Para isso há duas condições: (i) que a célula à esquerda (no caso a segunda nota) não esteja vazia e (ii) que a segunda célula à esquerda não esteja vazia.

Estruturas de repetição

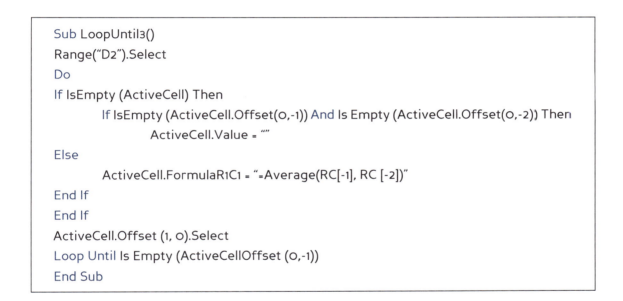

```
Sub LoopUntil3()
Range("D2").Select
Do
If IsEmpty (ActiveCell) Then
        If IsEmpty (ActiveCell.Offset(0,-1)) And Is Empty (ActiveCell.Offset(0,-2)) Then
                ActiveCell.Value = ""
Else
        ActiveCell.FormulaR1C1 = "=Average(RC[-1], RC [-2])"
End If
End If
ActiveCell.Offset (1, 0).Select
Loop Until Is Empty (ActiveCellOffset (0,-1))
End Sub
```

Do Loop While

Assim como ocorre no Do Loop Until e no Do Until Loop, a única diferença na estrutura entre o Do While Loop e o Do Loop While está na condição testada no código. Na primeira estrutura, a condição antecede o Loop; na segunda, é dada após o Loop While. Novamente, o funcionamento das estruturas é idêntico.

Exemplo 18: Para melhor entendimento da diferença entre as duas estruturas, o exemplo 2 é repetido.

```
Do
<Comandos>
Loop While <Condição>
```

```
Sub LoopWhile1()
Dim coluna As Integer
Coluna = 2
Do
Coluna = coluna + 1
Cells (1, coluna) = "Programação"
Loop While coluna < 8
End Sub
```

Exemplo 19: Enquanto existirem células na coluna com a palavra "Programação", o conteúdo será substituído por "VBA".

```
Sub LoopWhile2()
Cells (1, 1). Select
Dim linha As Interger
Linha = 1
Do
Linha = linha + 1
ActiveCell = "VBA"
Cells (linha, 1). Select
Loop While ActiveCell = "Programação"
End Sub
```

Exemplo 20: Os números dos telefones serão formatados de acordo com o padrão definido "(00) 0000 — 0000".

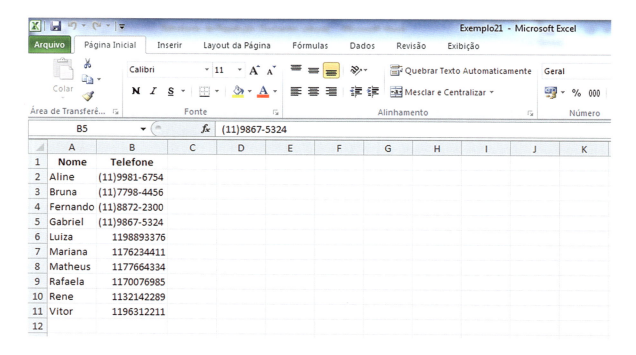

Estruturas de repetição

```
Sub LoopWhile3()
Cells(2, 2). Select
Do
ActiveCell = Format(ActiveCell, "(00) 0000-0000")
ActiveCell. Offset (1, 0). Select
Loop While ActiveCell. Offset (0, -1) <> ""
End Sub
```

For Next

Tem como objetivo executar um conjunto de comandos um número conhecido de vezes. A estrutura básica deste comando é:

```
For <variável> = <valor inicial> to <valor final>
    <comando a ser realizado>
Next <variável>
```

Exemplo 21: As 10 primeiras linhas da coluna 1 são preenchidas com a palavra "Programação".

```
Sub ForNext1()
Dim linha As Integer
For linha = 1 To 10
Cells (linha, 1) = "Programação"
Next linha
End Sub
```

Exemplo 22: Apenas as primeiras cinco linhas ímpares são preenchidas com a palavra "Programação". Ao adicionar o Step 2, o programa roda percorrendo a coluna A de duas em duas linhas.

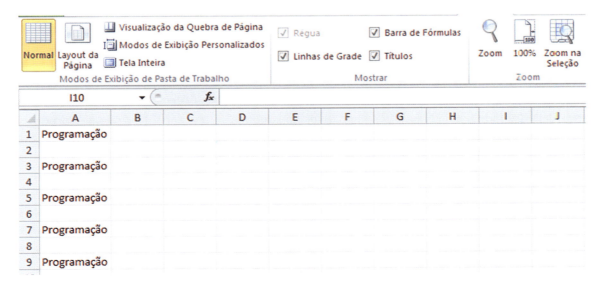

```
Sub ForNext2()
Dim linha As Integer
For linha = 1 To 10 Step 2
Cells (linha, 1) = "Programação"
Next linha
End Sub
```

Exemplo 23: As linhas são numeradas tendo como base a primeira coluna. Nesse caso, o valor de cada célula corresponde ao número de cada linha no intervalo definido no programa (linha 1 a 10).

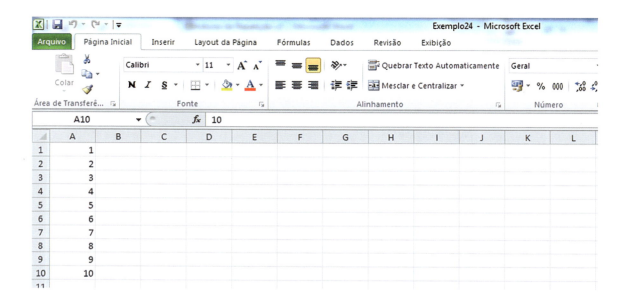

```
Sub ForNext3()
Dim i As Integer
For i = 1 To 10
        Cells (I, 1) = i
Next i
End Sub
```

Exemplo 24: Verifica quantos alunos foram aprovados no curso. Como a planilha tem 10 alunos, o intervalo definido vai da linha 2 à 11. Se o valor da segunda coluna for maior que 6, o programa acumulará uma unidade na variável Soma. No final da macro, uma Caixa de Mensagem é exibida com a informação da quantidade de alunos aprovados.

Estruturas de repetição

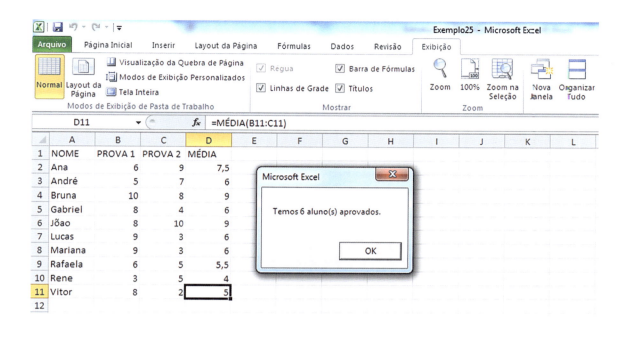

```
Sub ForNext4()
Dim linha As Integer
Dim Total As Double
Total = 0
For linha = 2 To 11
        If Cells (linha, 2) > 6 Then
        Total = Total + 1
        End If
Next linha
        MsgBox "Temos" & Total & "aluno(s) aprovados.)"
End Sub
```

Exemplo 25: A macro calcula a média das notas finais dos alunos do curso.

	A	B	C	D
1	NOME	PROVA 1	PROVA 2	MÉDIA
2	Ana	6	9	7,5
3	André	5	7	6
4	Bruna	10	8	9
5	Gabriel	8	4	6
6	Jõao	8	10	9
7	Lucas	9	3	6
8	Mariana	9	3	6
9	Rafaela	6	5	5,5
10	Rene	3	5	4
11	Vitor	8	2	5
12				7,111111

```
Sub ForNext5()
Dim linha As Integer
Dim Soma As Double
Soma = 0
For i = 2 To 11
Soma = Soma + Cells (i, 2). Value
Next i
Cells (12, 2) = (Soma / (11 – 2))
End Sub
```

For Each Next

Define uma ação para cada objeto de certo intervalo. Sua estrutura básica consiste em:

```
For Each <Conjunto de objetos>
    <Comandos>
Next <Objeto>
```

É comumente utilizada com intervalos (Ranges) de células da planilha.

Exemplo 26: A palavra "Programação" é escrita em cada célula de uma matriz 9x2. Além disso, todas as células são pintadas na cor verde.

Estruturas de repetição

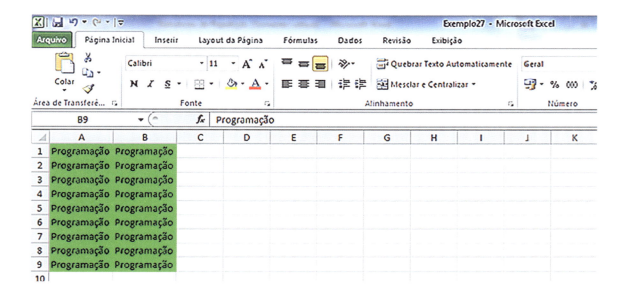

```
Sub EachNext1()
Range ("A1:B9"). Select
For Each Cell In Selection
        Cell.Formula = "Programação"
        Cell.Interior.ColorIndex = 4
Next Cell
End Sub
```

Exemplo 27: A macro altera todas as células com valores menores que 1 para o valor 100, dentro do intervalo da matriz 10x4.

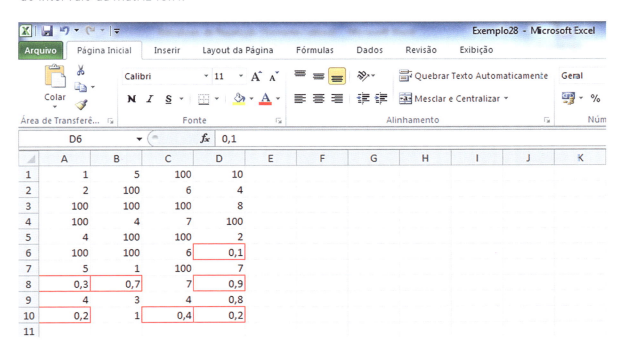

```
Sub EachNext2()
Dim intervalo As Range
Dim cell As Range
Set intervalo = Range ("A1:D10")
For Each cell In intervalo.Cells
If cell.Value < 1 Then
        Cell.Value = 100
End If
Next Cell
End Sub
```

Exemplo 28: Nas colunas B e C da planilha abaixo estão cadastrados telefones e e-mails, respectivamente, com algumas informações faltando. A macro identifica se falta alguma informação no cadastro dos clientes.

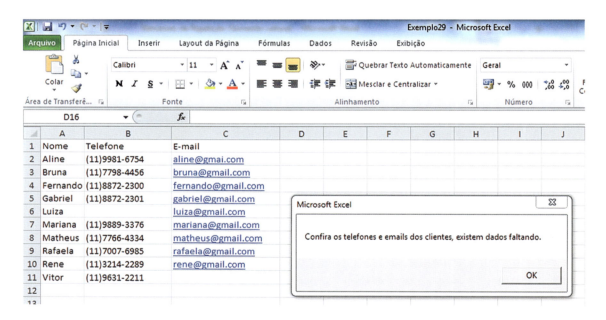

Estruturas de repetição

```
Sub EachNext3()
Dim ws As Range
Dim l As Double
l = 0
Set ws = Range ("B2:C11")
For Each Row In ws.Rows
If IsEmpty (ws.Cells (Row.Row, 1)) Or IsEmpty (ws.Cells (Row.Row, 2)) Then
l = l + 1
End If
Next
If l > 1 Then
MsgBox "Confira os telefones e emails dos clientes, existem dados faltando."
End If
End Sub
```

Exemplo 29: É classificado um grupo de oito pessoas em três divisões: juvenil, adulto e idoso.

```
Sub EachNext3()
    Dim Cell As Range
    For Each Cell In Range ("B2:B10")
    If IsNumeric (Cell.Value) And Cell.Value > 0 Then
        If Cell.Value < 18 Then
            ActiveCell.Offset (0, 1).Value = "Juvenil"
        ElseIf Cell.Value < 60 Then
            ActiveCell.Offset (0, 1). Value = "Adulto"
        Else
            ActiveCell.Offset (0, 1). Value = "Idoso"
        End If
End If
Cell.Select
Next
End Sub
```

	A	B	C
1	Nome	Idade	
2	Ana	8	Juvenil
3	André	60	Adulto
4	Bruna	44	Adulto
5	Gabriel	78	Idoso
6	João	15	Juvenil
7	Lucas	27	Adulto
8	Mariana	35	Adulto
9	Rafaela	55	Adulto
10	Rene	88	Idoso

Exemplo 30: As células do intervalo definido que contiverem o valor 10 são excluídas da planilha.

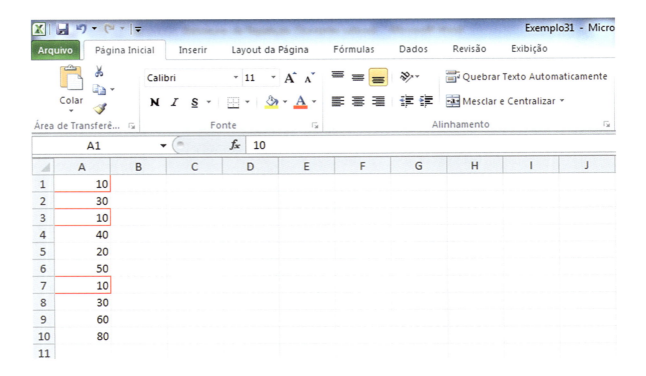

```
Sub EachNext5()
    For Each Cell In Range ("A1:A10")
        If Cell = "10" Then Cell.EntireRow.Delete
    Next
End Sub
```

4

Estrutura de seleção

Esta parte do livro é dedicada às estruturas de seleção, responsáveis por interromper o processamento sequencial de execução das instruções. Com base em uma condição, é possível desviar o processamento para o caminho apropriado. Quando utilizadas em conjunto com estruturas de repetição, tornam-se uma solução bastante eficiente para economizar tempo em atividades que necessitam de grande quantidade de trabalhos repetitivos.

If — Then — Else — End If

A estrutura básica da estrutura de repetição é:

If<condição>Then
    <instrução se a condição for verdadeira>
Else
    <instrução se a condição for falsa>
End If

Um exemplo é mostrado na macro a seguir:

	A	B	C	D
1				
2		3		
3				
4				
5				

```
Sub teste()
    If Range ("B2") < 6 Then
        Range ("B2") = "Reprovado"
    Else
        Range ("B2") = "Aprovado"
    End If
End Sub
```

	A	B	C	D
1				
2		Reprovado		
3				
4				
5				

Em resumo, a macro diz que, se a célula B2 for menor que 6, então o Excel preencherá "Reprovado" na célula. Caso ela seja maior que 6, o Excel escreverá "Aprovado". Com essa sequência de operações, é possível utilizar dispositivos práticos para diversas tarefas.

If — Then — ElseIf — Else — End If

A diferença desta estrutura para a anterior está na quantidade de condições possíveis a serem atendidas. Seu resumo é:

If<condição 1>Then
    <instrução se a condição 1 for verdadeira>
ElseIf<condição 2> Then
    <instruções se a condição 1 for falsa e a condição 2 for verdadeira>
    ...
ElseIf<condição n> Then
    <instruções se todas as condições anteriores forem falsas e a condição n for verdadeira>
Else
    <instruções se todas as condições anteriores forem falsas>
End If

Um exemplo dessa sequência de combinações está nesta próxima macro:

```
Sub selecao2()
    If Range ("A1") < 6 Then
        Range ("A1") = 6
    ElseIf Range ("A1") < 24 Then
        Range ("A1") = 24
    ElseIf Range ("A1") < 36 Then
        Range ("A1") = 36
    Else
        Range ("A1") = 60
    End If
End Sub
```

Estrutura de seleção

A mesma lógica para entender a condição do item anterior serve para esta macro. Siga a sequência de condições e verifique se ela é aceita ou não. Ao final da leitura da macro, a célula pode assumir um valor determinado pela etapa que a macro identificou como verdadeira.

É possível, como já discutido, combinar estruturas de seleção com estruturas de repetição. A combinação dessas e de outras estruturas é que vai possibilitar a criação de interfaces e macros apropriadas para cada necessidade específica. Um exemplo pode ser dado quando um professor está lançando as notas dos alunos no Excel e deseja saber com mais rapidez quais alunos foram aprovados e quais foram reprovados nas disciplinas.

```
Sub Selecao3()
    Dim x As Integer
    Range ("B1"). Select
    X = 1
    Do While Not IsEmpty (ActiveCell)
        If Cells (x, 2) >= 6 Then
            Cells (x, 3). Activate
            ActiveCell.HorizontalAlignment = xlCenter
            Cells (x, 3).Value = "APROVADO"
        Else
            Cells (x, 3). Activate
            ActiveCell.HorizontalAlignment = xlCenter
            Cells (x, 3). Value = "REPROVADO"
        End If
        X = x + 1
        Cells (x, 2).Activate
    Loop
End Sub
```

	A	B	C
1	Ana Luiza	6	APROVADO
2	Aurelio	5.6	REPROVADO
3	Carlos Eduardo	7	APROVADO
4	Daniel	7.8	APROVADO
5	Henrique	4.7	REPROVADO
6	José	5	REPROVADO
7	Marcelo	9	APROVADO
8	Rafael	5.9	REPROVADO
9	Stella	6.1	APROVADO
10	Viviane	7.9	APROVADO
11	Yasmin	6.8	APROVADO

Obs.: O código "Selection.HorizontalAlignment=xlCenter" é usado para centralizar o texto da célula.

Select — Case — Else — End Select

É outra estrutura de seleção, que tem como finalidade comparar uma única expressão em relação a diversos possíveis valores. Seu resumo é:

Select Case <expressão>
Case <valor1>
   <instruções se expressão igual a valor 1>
Case <valor 2>
   <instruções se expressão igual a valor 2>
   ...
Case Else
   <instruções se expressão diferente de todos os valores anteriores>
End Select

O exemplo que será dado utilizará os cursos de administração, economia e direito que alguns alunos estão fazendo, em quais universidades estão matriculados e se essas instituições são particulares ou públicas. Ao final da macro será possível ter uma estrutura que, automaticamente, faça o reconhecimento de cada faculdade (por exemplo, "FGV" e "USP") com a sua característica ("Particular" e "Pública", respectivamente).

```
Sub selecao()
    Dim x As Integer
    X = 3
    Cells (x, 3). Select
    Do While Not IsEmpty (ActiveCell)
    
        Select Case ActiveCell
            Case "FGV"
                Cells (x, 4).Activate
                ActiveCell.HorizontalAlignment = xlCenter
                Cells (x, 4). Value = "Particular"
            Case "USP"
                Cells (x, 4). Activate
                Active.Cell.HorizontalAlignment = xlCenter
                Cells (x, 4). Value = "Pública"
        End Select
        X = x + 1
        Cells (x, 3). Activate
    Loop
    Columns ("D:D"). EntireColumn.AutoFit
End Sub
```

Estrutura de seleção

A situação acima mostra antes e depois da aplicação da macro.

Obs.: O código "EntireColumn.AutoFit" é usado para ajustar automaticamente a largura da coluna.

5

Sub-rotinas, operadores, teclas úteis e funções pré-programadas

Neste capítulo, o leitor poderá entender melhor o funcionamento das construções Sub e Function. Além disso, por meio de operadores e do uso de teclas úteis, o usuário ampliará seu escopo de trabalho ampliado para novas oportunidades de criação. Por fim, apresentaremos as funções pré-programadas que terão um papel importante também para auxiliar a construção de determinados tipos de códigos.

A diferença entre uma sub-rotina e uma função

Em VBA, existem dois importantes procedimentos: a sub-rotina (denominada Sub) e a função (denominada Function). Ambos são algoritmos que, por meio de diversas etapas e cálculos intermediários, visam a um objetivo específico. Todavia, enquanto a função retorna, necessariamente, um resultado numérico ou um grupo como matriz, a sub-rotina só o faz caso o usuário registre instruções com esse propósito.

Para ilustrar essa diferença, eis dois exemplos:

Exemplo 1: Esta Sub calcula o valor final de uma aplicação de juros compostos. Para tanto, faz uso de InputBox para obter o montante aplicado inicial, a taxa de juros e o número de períodos. Ao final o MsgBox é uma instrução específica para o algoritmo retornar, como resultado, o valor final da aplicação.

```
Sub juros_compostos_sub()
Dim VP As Double 'Montante inicial aplicado
Dim i As Double 'Taxa de Juros
Dim n As Double 'Número de períodos
Dim VF As Double 'Valor Futuro

' Inputs dados pelo usuário
VP = InputBox ("Digite o montante inicial aplicado:")
I = InputBox ("Digite a taxa de juros em decimal:")
N = InputBox ("Digite o número de períodos:")

'Cálculos intermediários
VF = VP * (1 + i) ^ n

'Intruções de retorno
MsgBox "O valor final do seu investimento é R$ " & VF & " . "
End Sub
```

Obs.: Mais informações sobre o uso e as propriedades do InputBox e da MsgBox podem ser encontradas nos próximos capítulos.

Exemplo 2: Esta Function tem o mesmo objetivo da Sub anterior, mas o alcança por outros meios. O usuário deve acessar uma planilha de Excel, ativar a célula de sua escolha e digitar = juros_compostos_function (X; Y; Z), sendo X a célula que contém o montante inicial aplicado, Y a célula que contém a taxa de juros e Z a célula que contém o número de períodos. Ao clicar Enter, a função retornará, na célula ativada, o valor final da aplicação.

```
Function juros_compostos_function (VP As Double, i As Double, n As Double) As Double
' A linha acima define quais são os inputs da função

'Cálculos intermediários
Juros_compostos_function = VP * (1 + i) ^ n
End Function
```

Operadores

Em VBA, os operadores se dividem em aritméticos, relacionais e lógicos.

Operadores aritméticos

Os operados numéricos se caracterizam por receber valores numéricos como operandos e por retornar um valor numérico. Os operadores aritméticos existentes no VBA são:

Sub-rotinas, operadores, teclas úteis e funções pré-programadas

Operador	Significado	Exemplo
+ (sinal de mais)	Adição	3+3
– (sinal de menos)	Subtração	3–3
* (asterisco)	Multiplicação	3*3
/ (sinal de divisão)	Divisão	3/3
^ (acento circunflexo)	Exponenciação	3*3
Mod	Resto inteiro da divisão entre dois inteiros	Mod(3;2)

Exemplo 3: O código abaixo mostra uma operação aritmética com o uso de uma série de operadores, conforme a tabela acima.

```
Sub aritméticos ()
Dim retorno As Integer
Retorno = ( ( ( ( 2 + 2 – 1) * 2 ) / 3) ^ 2) Mod 3
' O retorno de todas as operações descritas em "retorno" é 1, como se percebe abaixo:
' 2 + 2 = 4
' 4 – 1 = 3
' 3 * 2 = 6
' 6 / 3 = 2
' 2 ^ 2 = 4
' 4 Mod 3 = 1

End Sub
```

Operadores relacionais

Os operadores relacionais caracterizam-se por receber valores numéricos como operandos e por retornar um valor booleano. Os operadores relacionais existentes no VBA são:

Operador	Significado	Exemplo
=	Igual	A1=B1
<>	Diferente de	A1<>B1
>	Maior que	A1>B1
<	Menor que	A1<B1
>=	Maior ou igual a	A1>=B1
<=	Menor ou igual a	A1<=B1

Exemplo 4: A variável booleana indica se o operador relacional do comando If retornou um valor verdadeiro (True) ou falso (False).

```vba
Sub relacionais ()
Dim booleano As Boolean
Booleano = False 'Inicia um valor para booleano
If 4 = 3 Then
        Booleano = False
End If
If 4 <> 3 Then
        Booleano = True
End If
If 4 > 3 Then
        Booleano = True
End IF
If 4 >= 3 Then
        Booleano = True
End If
If 4 <= 3 Then
        Booleano = False
End If
End Sub
```

Operadores lógicos

Os operadores lógicos caracterizam-se por receber valores booleanos como operandos e por retornar um valor booleano. Os operadores And e Or são binários e o operador Not é unário. Os operadores lógicos existentes no VBA são:

Operador	Significado
And	Retorna True somente se ambos os operandos forem True Retorna False caso contrário
Or	Retorna False somente se ambos os operandos forem False Retorna True caso contrário
Xor	Retorna True se um e somente um operando for True Retorna False caso contrário
Not	Tem como parâmetro um único valor booleano e retorna a negativa desse operando

Exemplo 5: A variável booleana indica se o operador lógico do comando If retornou um valor verdadeiro (True) ou falso (False).

Sub-rotinas, operadores, teclas úteis e funções pré-programadas

```vba
Sub logicos ()
Dim booleano As Boolean
Booleano = False 'Inicia um valor para booleano
If 4 = 3 And 5 <> 2 Then
        Booleano = False
End If
If 4 = 3 Or 5 <> 2 Then
        Booleano = True
End If
If 4 = 3 Xor 5<> 2 Then
        Booleano = True
End If
If Not 4 = 3 Then
        Booleano = True
End If
End Sub
```

Teclas úteis

O Excel apresenta diversas teclas úteis como:

Teclas de atalho	Significado
Ctrl + setas de direção	Move para a próxima célula não vazia (de acordo com a seta selecionada) da célula selecionada inicialmente
Ctrl + Home	Move para o início da planilha
Ctrl + Shift + setas de direção	Seleciona as células até a última célula preenchida na mesma coluna ou linha

No VBA, pode-se fazer uso dessa combinação de teclas por meio dos seguintes comandos:

Teclas de atalho	Comando no VBA
Ctrl + →	Selection.End(xlToRight).Select
Ctrl + ←	Selection.End(xlToLeft).Select
Ctrl + ↑	Selection.End(xlUp).Select
Ctrl + ↓	Selection.End(xlDown).Select
Ctrl + End	Selection.SpecialCells(xlLastCell).Select
Ctrl + Home	Range("A1").Select
Ctrl + Shift + →	Range(Selection, Selection.End(xlToRight)).Select

Teclas de atalho	Comando no VBA
Ctrl + Shift + ←	Range(Selection, Selection.End(xlToLeft)).Select
Ctrl + Shift + ↑	Range(Selection, Selection.End(xlUp)).Select
Ctrl + Shift + ↓	Range(Selection, Selection.End(xlDown)).Select
Ctrl + Shift + End	Range(Selection, ActiveCell.SpecialCells (xlLastCell)).Select
Ctrl + Shift + Home	Range(Selection, Cells(1,1)).Select

Exemplificando, as teclas Crtl + Shift + qualquer direcional do teclado são destinadas à seleção de células do Excel.

Sua utilização pode ser feita como no exemplo a seguir. Quando o Crtl + Shift + direcional para a direita é acionado, o Excel irá selecionar todas as células até a primeira célula preenchida, inclusive. Ao apertar novamente, é possível selecionar todas as células posteriores ativas.

A instrução correspondente a Crtl + Shift + direcional para a direita é Range(Selection, Selection.End(xlToRight)).Select.

Funções pré-programadas

O VBA oferece algumas funções pré-programadas bastante úteis, como:
1. Localizar.
2. Esquerda.

Também é possível acessar funções pré-programadas do próprio Excel, como:
1. Média.
2. Desvio-padrão.
3. Soma.

Funções pré-programadas em VBA

Para utilizar uma função pré-programada em VBA, é necessário digitar seu nome e, entre parênteses, seus inputs (parâmetros de entrada). Para compreender melhor, é interessante analisar dois exemplos simples a seguir.

Exemplo 6: A função Localizar (comando Find) ativa a célula que contém um valor ou um texto específico, como se percebe abaixo:

```
Sub localizar ()
Dim numero As Integer 'Valor a ser procurado. Pode ser uma letra também.
Numero = InputBox ("Digite um número entre 1000 e 9999:")

Dim linha As Integer 'Linha da célula que contém o número
Dim coluna As Integer 'Coluna da célula que contém o número

Sheets ("localizar"). Select
Cells.Find (numero). Activate 'Localiza o valor número
Linha = ActiveCell.Row
Coluna = ActiveCell.Column

MsgBox "O valor procurado está na linha " & linha & " e na coluna "& coluna & " . "
End Sub
```

Exemplo 7: A função Esquerda (comando Left) retorna os n-ésimos primeiros caracteres de uma célula, sejam eles números ou caracteres de texto. A seguir, há um exemplo dessa função:

```
Sub esquerda ()
Dim n As Integer
N = InputBox ("Digite um número entre 1 e 4:")
Dim linha As Integer
Linha = InputBox ("Digite um número entre 1 e 691:")
Dim coluna As Integer
Coluna = InputBox ("Digite um número entre 1 e 22:")
Dim valor As Double
Sheets ("localizar"). Select
Valor = Cells (linha, coluna).Value
Dim retorno As Double
Retorno = Left (valor, n)

MsgBox "O valor desejado é "& retorno & " . "
End Sub
```

Funções pré-programadas em Excel

Para utilizar uma função pré-programada em Excel, é necessário digitar Excel.WorksheetFunction.NomeDaFunção e, entre parênteses, seus inputs. Para compreender melhor, é interessante analisar o exemplo abaixo:

Exemplo 8: Por meio das funções média (comando Average), desvio-padrão (comando StDev) e soma (comando Sum), é possível calcular a média, o desvio-padrão e a soma de uma matriz de dados, como se vê a seguir:

```
Sub media_desviopadrao_soma()
Dim media As Double
Media = Excel.WorksheetFunction.Average (Range (Cells (1, 1), Cells (691, 22) ) )
Dim desviopadrao As Double
Desviopadrao = Excel.WorksheetFunction.StDev (Range (Cells (1, 1), Cells (691, 22) ) )
Dim soma As Double
Soma = Excel.WorksheetFunction.Sum (Range (Cells (1, 1), Cells (691, 22 ) ) )

MsgBox "A media da matriz é : "& media &" . O desvio-padrão é : "& desviopadrao &". A soma é : " & soma &".
End Sub
```

Funções autorais

O usuário, além de utilizar as funções pré-programadas do VBA e do Excel, também pode programar suas próprias funções por meio do procedimento Function. Um exemplo dessa possibilidade já foi dado no exemplo 2. Outros quatro exemplos podem ser encontrados a seguir:

Exemplo 9: O usuário insere três valores como inputs e a função retorna a média ponderada deles.

```
Function mediafinal (p As Double, PP As Double, PF As Double) As Double
    Mediafinal = ( 1 / 5 ) * p + ( 3 / 10) * pp + ( 1 / 2) * pf
End Function
```

Exemplo 10: O usuário quer descobrir as raízes de uma equação de segundo grau da seguinte maneira:

$$y = Ax^2 + Bx + C$$

O input maior raiz é uma variável booleana que indica se o usuário deseja saber a maior raiz da equação ou a menor. Assim, a função baskara tem como retorno cinco resultados possíveis, dependendo dos inputs:

1. *Não existe função*: resultado quando o usuário digitou apenas a constante.
2. *Não há raízes reais*: resultado quando o usuário digitou uma função com raízes imaginárias.
3. *A única raiz da função*: resultado quando o delta da equação é zero.
4. *A maior raiz da função*: resultado quando o usuário definiu maior raiz =True e a função tem delta > 0.
5. *A menor raiz da função*: resultado quando o usuário definiu maior raiz = False e a função tem delta > 0.

```vba
Function baskara (A As Double, B As Double, C As Double, maiorraiz As Boolean) As Variant
    If (A = 0 And B = 0) Then
    Baskara = "não existe função"
    ElseIf ( A = 0 And B <> 0) Then
    Baskara = - C / B
    Else
        Dim delta As Double
        Delta = B ^2 – 4 * A * C
        If (delta < 0) Then
        Baskara = "não há raízes reais"
        ElseIf (delta = 0) Then
        Baskara = - B / (2 * A)
        Else
            Dim raiz1 As Double
            Raiz1 = ( - B + (delta) ^( 1 / 2)) / ( 2 * A)
            Dim raiz2 As Double
            Raiz2 = ( -B – (delta) ^(1 / 2)) / (2 * A)
            If (maiorraiz = True And raiz1 > raiz2) Then
                Baskara = raiz1
            ElseIf (maiorraiz = True And raiz1 < raiz2) Then
                Baskara = raiz2
            Enf If
            If (maiorraiz = 0 And raiz1 > raiz2) Then
                Baskara = raiz2
            ElseIf (maiorraiz = 0 And raiz1 < raiz2) Then
                Baskara = raiz1
            End If
        Enf If
    End If
End Function
```

Note que a função baskara é declarada como Variant pois ela pode assumir valores (retornos) de mais de um tipo (String ou Double).

Exemplo 11: O usuário insere n como o único input e tem como resultado o valor de n!.

```vba
Function fat ( n As Double ) As Double
Dim I As Integer
' Inicializa fat
Fat = 1
If ( n = 0 ) Then
        Fat = 1
Else
        For i = 1 To n Step 1
        ' Atualiza fat
        Fat = fat * i
        Next i
End If
End Function
```

Exemplo 12: O usuário quer calcular a diferença entre o maior e o menor valor de uma matriz de dados. Para tanto, ele insere, como input, uma matriz (formato Range) e tem como resultado um valor numérico.

```
Function amplitude (valores As Range) As Double
Dim diferenca As Double
Dim maiorvalor As Double
Dim menorvalor As Double
Maiorvalor = Excel.WorksheetFunction.Max (valores)
Menorvalor = Excel.WorksheetFunction.Min (valores)
Amplitude = maiorvalor – menorvalor
End Function
```

6

Objetos, propriedades e métodos

Esta parte do livro é dedicada aos objetos, propriedades e métodos. Por meio deles, o usuário terá a possibilidade de personalizar suas planilhas e executar diversas atividades que vão facilitar trabalhos simples, desde criar mais abas em uma mesma planilha até transferir o conteúdo de um intervalo de células para outro.

Alguns objetos são muito utilizados na programação VBA, por representarem partes fundamentais do Microsoft Excel em nossa utilização como desenvolvedor. Em particular, este capítulo descreverá os principais métodos e propriedades dos objetos: (i) Application, que se refere à própria aplicação Excel como um todo; (ii) Workbook, que se refere ao(s) arquivo(s) Excel que pode(m) ser aberto(s), salvo(s), fechado(s) e manipulado(s) através de VBA; e (iii) Worksheet, que se refere à(s) planilha(s) existente(s) dentro dos arquivos Excel.

Métodos e propriedades Application

Principais métodos

1. Application.OnKey (tecla, macro)

Realiza uma macro após pressionar uma das teclas de atalho. O Shift tem como código +, o Alt como ^ e o Ctrl como %. A tabela a seguir mostra teclas especiais que podem ser usadas como teclas de atalho:

Teclas	Código	Teclas	Código
BACKSPACE	{BACKSPACE}	INS	{INSERT}
BREAK	{BREAK}	NUM LOCK	{NUMLOCK}
CAPS LOCK	{CAPSLOCK}	PAGE DOWN	{PGDN}
CLEAR	{CLEAR}	PAGE UP	{PGUP}
DELETE OU DEL	{DELETE}	RETURN	{RETURN}
END	{END}	SCROLL LOCK	{SCROLLLOCK}
ENTER(Teclado Numérico)	{ENTER}	SETA PARA BAIXO	{DOWN}
ENTER	~(TIL)	SETA PARA CIMA	{UP}
ESC	{ESC}	SETA PARA DIREITA	{RIGHT}
HELP	{HELP}	SETA PARA ESQUERDA	{LEFT}
HOME	{HOME}	TAB	{TAB}

2. Application.OnTime (quando, macro, espera, programação)

Realiza uma macro no momento hora especificada pelo parâmetro. Este parâmetro deve ter True para definir um novo OnTime ou False para limpar o último On Time.

> Application.OnTime Now + TimeValue ("0:00:07") , "ABRIR"

A lógica é simples. O parâmetro Now vai ler o horário no exato momento da execução da macro e será acrescentado mais um período de tempo determinado pelo Time Value. No caso, a macro será executada sete segundos após a chamada da instrução do Application.OnTime.

3. Application.GetOpenFilename (String e filtro)

Exibe a janela default do Office para a abertura de um arquivo novo.

> Sub teste()
> Application.GetOpenFilename
> End Sub

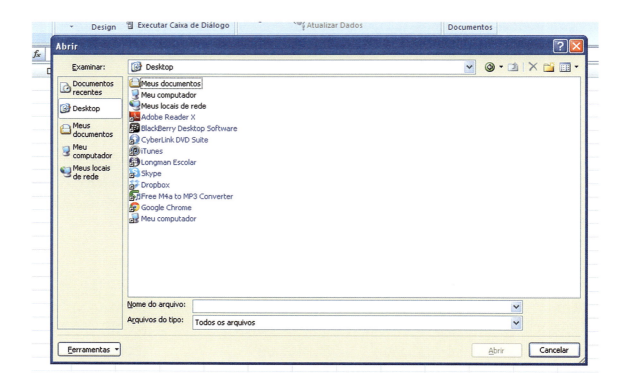

4. Application.FindFile (arquivo)

Retorna True ou False. Se a resposta for True, o arquivo será automaticamente aberto. Se o usuário cancelar a DialogBox, este método será False.

5. Application.Quit

Finaliza o arquivo que o usuário está operando.

Objetos, propriedades e métodos

```
Sub teste()
    Application.Quit
End Sub
```

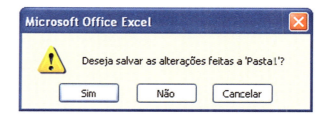

Principais propriedades

1. Application.CutCopyMode

Recebe valores True ou False. O objetivo é copiar ou movimentar determinada informação de uma planilha para a outra. Um exemplo da utilização deste método será feito ainda neste capítulo.

2. Application.ScreenUpdating

Recebe os valores True ou False. O False tem a função de parar as constantes atualizações da aplicação e impedir que a tela fique aparecendo e sumindo. Isso evita uma perda de tempo por parte do usuário e deixa o Microsoft Excel melhor para se trabalhar. O True faz com que a aplicação assuma todos os valores já utilizados.

```
Sub DeleteColumns()
    Application.ScreenUpdating = False
    Range ("A:A"). Delete
    Range ("B:B"). Delete
    Application.ScreenUpdating = True
End Sub
```

3. Application.Visible

Recebe os valores True ou False. O valor False tem o objetivo de esconder a planilha em que o usuário está trabalhando. Já o valor True faz com que esta mesma planilha reapareça. No código a seguir, ao ser executado, o Microsoft Excel é fechado, sem que o VBA também seja.

```
Sub teste3()
Application.Visible = False
End Sub
```

4. Application.DisplayAlerts

Recebe os valores True ou False. O valor False impede que sejam exibidas as mensagens default do Excel, como "Deseja salvar o arquivo?" ao tentar finalizar o Excel sem salvar o arquivo. No código a seguir, após ser executado, mesmo que o usuário finalize o Microsoft Excel sem salvar o documento, a mensagem de "Deseja salvar o arquivo?" não é mostrada.

```
Sub teste4()
Application.DisplayAlerts = False
Application.DisplayAlerts = True
End Sub
```

5. Application.DisplayFormulaBar

Recebe os valores True ou False, tendo este último a função de impedir que a barra de fórmula do Excel seja mostrada.

6. Application.DisplayFullScreen

Recebe os valores True ou False. O valor True exibe a planilha em tela cheia do seu computador.

7. Application.DisplayStatusBar

Recebe os valores True ou False. O valor False impede a exibição da barra de status.

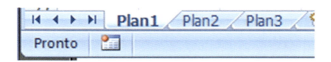

8. Application.ActiveWindow.DisplayGridLines

Recebe os valores True ou False. O valor False faz com que as linhas do grid não sejam mostradas.

```
Sub linhasgrid()
Application.ActiveWindow.DisplayGridlines = False
End Sub
```

Objetos, propriedades e métodos 69

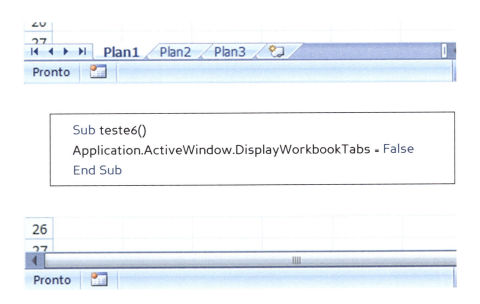

9. Application.ActiveWindow.DisplayWorkbookTabs

Recebe os valores True ou False. O valor False impede que sejam mostradas as abas referentes às planilhas do arquivo.

```
Sub teste6()
Application.ActiveWindow.DisplayWorkbookTabs = False
End Sub
```

10. Application.EnabelAnimations

Recebe os valores True ou False. O valor False impede as animações que ocorrem no Excel, como a inserção e a exclusão de linhas e colunas.

```
Sub teste7()
Application.EnableAnimations = False
End Sub
```

11. Application.Workbooks.Path

Esta propriedade de leitura retorna o caminho de um arquivo aberto.

```
Sub caminho()
Dim caminho As String
        Caminho = Application.Worlbooks (1). Path
        MsgBox caminho
End Sub
```

12. Application.StatusBar

Recebe uma String que será escrita na barra de status do Excel.

```
Sub teste()
        Application.StatusBar = "Macro executada por Henrique"
End Sub
```

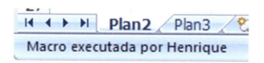

13. Application.Caption

Recebe uma String que será escrita na barra de título do Excel.

```
Sub teste()
        Application.Caption = "Macro Executada por Samy Dana"
End Sub
```

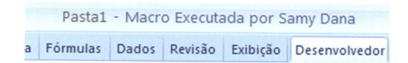

Em um pequeno resumo, o Application tem como principais métodos:

	Ferramenta	Função
1.	Application.Onkey (tecla, macro)	Possibilita ao usuário atribuir a uma tecla do computador o domínio para executar uma macro, ou seja, cria um atalho
2.	Application.OnTime (quando, macro, espera, programação)	Utilizado para programar uma macro num tempo predeterminado
3.	Application.GetOpenFilename (String e filtro)	Exibe a janela da função Open com filtro
4.	Application.FindFile (arquivo)	Encontra o arquivo desejado
5.	Application.Quit	Dá fim ao Excel
6.	Application.CutCopyMode (True ou False)	Recorta e cola. Deve usado após o uso do método Paste
7.	Application.ScreenUpdating (True ou False)	Tem como objetivo congelar a atualização da aplicação
8.	Application.Visible (True ou False)	Oculta ou torna visível a planilha Excel
9.	Application.DisplayAlerts (True ou False)	Impede que sejam exibidas as mensagens default do Excel
10.	Application.DisplayFormulabar (True ou False)	Impede que seja mostrada a barra de fórmula do Excel
11.	Application.DisplayFullScreen (True ou False)	Exibe a planilha Excel em tela cheia
12.	Application.DisplayStatusbar (True ou False)	Impede a exibição da barra de status
13.	Application.Active.Windows.DisplayGridLines (True ou False)	Faz com que as linhas do grid não sejam mostradas
14.	Application.Enable.Animations (True ou False)	Impede que sejam mostradas as abas referentes às planilhas do arquivo
15.	Application.Workbooks.Path	Retorna o caminho do arquivo aberto
16.	Application.Statusbar	Recebe uma String que será escrita na barra de status do Excel
17.	Application.Caption	Recebe uma String que será escrita na barra de título do Excel

Métodos e propriedades Workbook

Principais métodos

1. **Workbooks.Add**
   Adiciona um novo objeto Workbook aos outros Workbooks já desenvolvidos.

```
Sub teste8()
Workbooks.Add
End Sub
```

2. Workbooks.Open

Abre um arquivo XLS ou XLSX (planilha Excel) já existente. O nome do arquivo deve ser passado com os seguintes parâmetros a seguir:

```
Sub teste10()
Workbooks.Open ""
            Open(Filename As String, [UpdateLinks], [ReadOnly], [Format], [Password], [WriteResPassword], [IgnoreReadOnlyRecommended],
End Sub     [Origin], [Delimiter], [Editable], [Notify], [Converter], [AddToMru], [Local], [CorruptLoad]) As Workbook
```

3. Workbooks.Activate

Ativa uma Workbook que deve ter sido aberta anteriormente. O nome do arquivo deve ser passado como parâmetro para localizar o arquivo em questão.

4. Workbooks.Save e Workbooks.SaveAs

Salva uma Workbook que esteja aberta. A pasta é salva com o nome "nome_do_arquivo.xls".

```
Sub salva()
        ActiveWorkbook.SaveAs "Salvo por Henrique Vasconcellos.xls"
End Sub
```

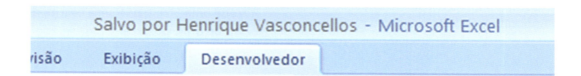

Principais propriedades

1. Workbooks.Name

Propriedade de leitura que volta com o nome do arquivo corrente.

2. Workbooks.Path

Propriedade de leitura que retorna o caminho do arquivo corrente.

```
Sub nome()
    Dim nome As String
    Nome = ActiveWorkbook.Name
    MsgBox nome
End Sub
```

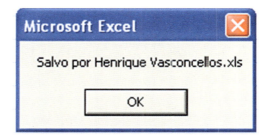

3. **Workbooks.FullName**

Propriedade de leitura que retorna o nome completo do arquivo que está sendo realizado. O exemplo a seguir mostra como ficaria.

```
Sub nome()
    Dim nome As String
    Nome = ActiveWorkbook.FullName
    MsgBox nome
End Sub
```

Métodos e propriedades Worksheet

Principais métodos

1. **Worksheets.Add (after, before, count)**

Adiciona um número de planilhas definido pelo parâmetro Count, depois da planilha (se definido o parâmetro After). Como é possível observar no exemplo a seguir, após a execução da macro, uma nova planilha (Plan4) aparece antes da última planilha (Plan3).

```
Sub teste1()
    ActiveWorkbook.Worksheets.Add before: = Worksheets ( 3 )
End Sub
```

Antes

Depois

2. Worksheets.Copy (before, after)

Copia uma planilha e cria outra antes ou depois de uma terceira planilha, com o conteúdo copiado. No exemplo abaixo, é possível ver que novas planilhas foram criadas após a última planilha original (Plan3).

```
Sub teste1()
        ActiveWorkbook.Worksheets.Copy after:= Worksheets ( 3 )
End Sub
```

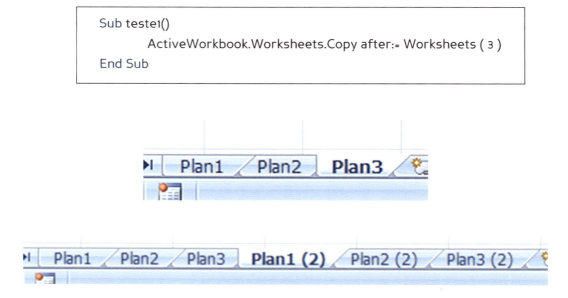

3. Worksheets.Move (before, after)

Move uma planilha para antes ou depois de outra planilha. Sua utilização é similar ao método Copy.

4. Worksheets.Paste

É utilizado após o uso dos métodos Copy ou Cut aplicados a um Range. Na prática, a macro copia o conteúdo de uma determinada região da planilha para outra planilha no mesmo arquivo, em uma determinada célula. O ActiveSheet é utilizado para retornar um objeto que representa a planilha na pasta de trabalho ou em uma janela específica ou em uma pasta de trabalho determinada.

Objetos, propriedades e métodos

```
Sub copiarecolar()
    Worksheets("Plan1").Range ("A1:I10").Copy
ActiveSheet.Paste Destination:=Worksheets ("Plan2").Range ("A11")
Application.CutCopyMode = False
End Sub
```

Note que as células são coladas a partir da célula A11 da planilha Plan2.

5. Worksheets.Delete

Remove uma planilha do arquivo. Na execução deste método, o Excel gera uma mensagem de confirmação para excluir a planilha.

6. Worksheets.SetBackgroundPicture (arquivo)

Coloca como imagem de fundo da planilha a imagem contida no parâmetro Arquivo. Caso deseje retirar a imagem, use o parâmetro None.

Principais propriedades

1. Count

Propriedade de leitura que retorna o número de planilhas de um arquivo.

```
Sub teste()
    Worksheets.Add after:= Worksheets (Worksheets.Count)
End Sub
```

2. Name

Propriedade de leitura que retorna o nome de cada planilha.

```
Sub pasta()
    For Each ws In Worksheets
        MsgBox ws.Name
    Next
End Sub
```

Em resumo, o Worksheet tem como principais métodos:

	Ferramentas código	Para que serve
1.	**Worksheet.Add (after, before, count)** Activeworkbook.Worksheet.Add before:=Worksheet(1)	Adicionar uma planilha, antes ou depois da planilha definida
2.	**Worksheet.Copy (before, after)** Activeworkbook.Worksheet.Copy before:=Worksheet(plan3)	Fazer uma cópia de uma planilha, antes ou depois de outra planilha
3.	**Worksheet.Move (before,after)** Activeworkbook.Worksheet.Move before:=Worksheet(plan3)	Mover as planilha para antes ou depois da planilha referida
4.	**Worksheet.Paste**	Utilizado após o uso do Worksheet.Copy, para colar parte da planilha referida em outra
5.	**Worksheet.Delete**	Deletar uma planilha selecionada
6.	**Worksheet.SetBackgroundPicture (arquivo)**	Depositar uma imagem de fundo na planilha referida

7

Criação de interfaces

Neste capítulo o leitor será capaz de criar interfaces dentro do Excel usando a programação VBA. Por meio da associação entre interfaces e códigos, o usuário vai criar diversas novas utilidades para o Microsoft Excel. Por exemplo: é possível criar uma central de controle de vendas de uma empresa ou mesmo uma plataforma para construir funções financeiras em poucos passos.

Janela de mensagem (MsgBox)

Uma MsgBox tem como objetivo informar algo para o usuário em uma janela, que normalmente apresenta botões pré-programados.

A criação de uma MsgBox é dada por:
- MsgBox — Texto, botões, título, Helpfile, Contexto.
- Texto — Mensagem que o usuário vai ler.
- Botões — Número inteiro que indica quantos e quais botões irão aparecer na janela.
- Título — Título que pode ou não aparecer na caixa da mensagem.

Há a possibilidade de aparecer um de quatro ícones, com os símbolos X, !, i e ? ao lado das perguntas. Além disso, a janela será composta das opções de botões tradicionais, como: OK, Repetir, Cancelar etc. Para completar, é possível colocar um título na janela, facilitando a interpretação do usuário.

A composição da janela seguirá o modelo-padrão apresentado acima sobre a MsgBox. Primeiro será necessário digitar MsgBox, depois o texto que você deseja fazer, o código dos botões e, se quiser, o título da janela. O Helpfile e o Contexto não serão trabalhados neste livro.

O código dos botões já é estabelecido pelo programa do Excel, através de uma tabela de valores que devem ser acumulados para que o código certo seja escolhido. A tabela funciona da seguinte forma:

1. Os valores menores e com a descrição "exibe botões" vão determinar quais opções de botões você vai utilizar.
2. Os valores maiores e com a descrição "exibe o ícone" vão determinar os parâmetros descritos acima.

Constante	Valor	Descrição
vbOkOnly	0	Exibe somente o botão OK
vbOkCancel	1	Exibe os botões OK e Cancelar
vbAbortRetryIgnore	2	Exibe os botões Abortar, Repetir e Ignorar
vbYesNoCancel	3	Exibe os botões Sim, Não e Cancelar
vbYesNo	4	Exibe os botões Sim e Não
vbRetryCancel	5	Exibe os botões Repetir e Cancelar
vbCritical	16	Exibe o ícone de mensagem crítica
vbQuestions	32	Exibe o ícone consulta de aviso
vbExclamation	48	Exibe o ícone mensagem de aviso
vbInformation	64	Exibe o ícone mensagem de informação

Na utilização do código e de um parâmetro, você deverá somar os valores dos botões e dos ícones para obter os dois na mesma janela.

Um exemplo dessa combinação de códigos seria:

```
Sub Mensagem()
MsgBox "Deseja Salvar?", 35
End Sub
```

O resultado dessa macro seria:

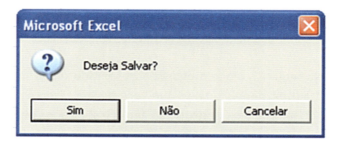

Caso você não queira usar a tabela acima, é possível que o programa o auxilie nessa função. Ao digitar MsgBox ("Deseja Continuar?"), digite "v" na continuação do código e aparecerão todos os nomes das constantes. Os nomes têm influência nos comandos que você deseja se prestar atenção ao nome e ao comando na tabela. Dessa maneira, é possível criar as janelas que o usuário desejar.

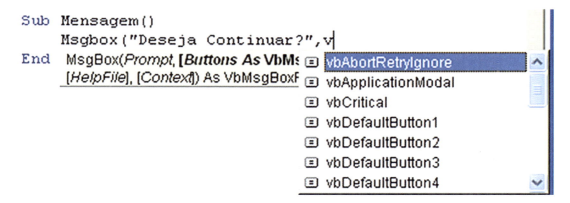

Janela de entrada (InputBox)

Uma janela de entrada permite que o usuário mande uma informação por meio da digitação de um texto.

A criação de uma InputBox é dada por:
- InputBox — Texto, título, default, xpos, ypos, Helpfile, Contexto.
- Texto — Texto obrigatório com a mensagem a ser apresentada.
- Título — Título da janela.
- Xpos e ypos — posição x e y no canto superior esquerdo da janela.

Um exemplo desse código e o InputBox formado são:

```
Sub teste()
InputBox ("Opinião do Usuário")
End Sub
```

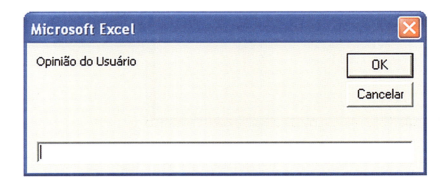

Vale lembrar que não foi fornecido o título nesta janela de entrada e nem na janela de mensagem. Quando isso ocorre, o Excel coloca automaticamente o título de Microsoft Excel. Para alterar, basta informar um título no código do comando.

Elementos de controle nos formulários (UserForm)

Formulário ou UserForm é um mecanismo que permite a criação de interfaces que contêm diversos elementos de controle, que serão descritos a seguir. Para começar o trabalho com estes elementos, acesse o menu do Visual Basic, clique no menu Inserir e depois em UserForm. Será aberta uma caixa para a manipulação e criação destes elementos.

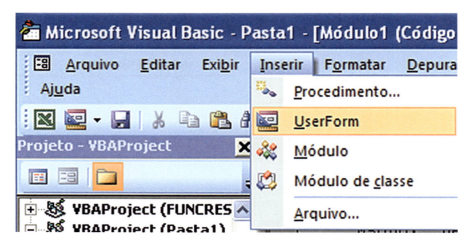

As janelas que irão aparecer serão a base de todo o trabalho a seguir.

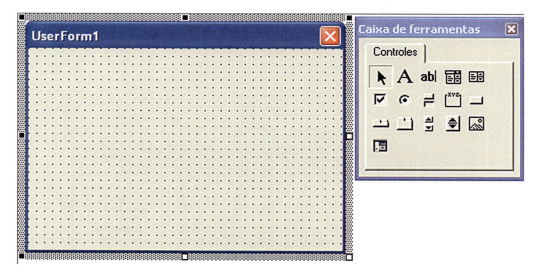

A primeira janela é o próprio UserForm (formulário) que está sendo criado, e a seguinte é a Caixa de Ferramentas, que contém os elementos que podem ser utilizados pelo usuário. Cada elemento criado deve ser arrastado para a janela do UserForm para ser aplicada e posicionada como desejar. O formulário construído ficará disponível na janela do projeto, na pasta Formulário.

As características de cada elemento serão descritas mais à frente, porém vale lembrar que a janela de edição das propriedades dos elementos é a que está localizada normalmente à esquerda e abaixo. Por meio dela, é possível alterar as cores, os nomes das células etc. Cada elemento poderá receber um código e, desse modo, interagir com o trabalho geral realizado pelo usuário.

Criação de interfaces

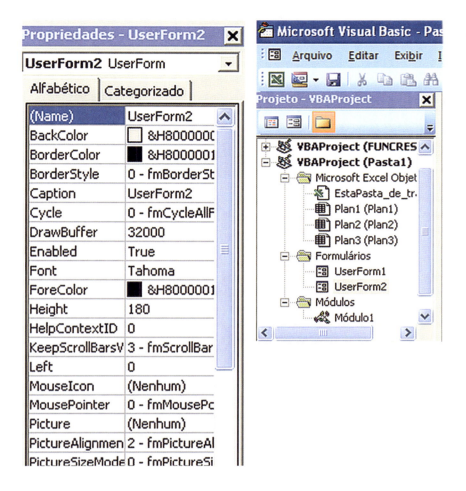

Rótulo (Label)

Rótulo é um texto livre dentro do formulário; um elemento que não permite contato com o usuário. Ele apenas auxilia, por meio de texto, outros elementos de controle da User-Form.

Caixa de Texto (TextBox)

A Caixa de Texto é um elemento de controle que permite digitar uma informação externa. É semelhante ao InputBox, porém pode se relacionar com os demais elementos da UserForm.

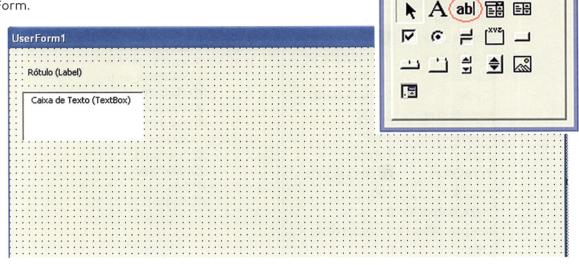

Botão de Comando (CommandButton)

O CommandButton não está vinculado a qualquer informação: as macros associadas a ele reagem a ações, mas o botão em si não assume qualquer valor. É natural, portanto, que ele desempenhe o papel de finalizador do formulário, quando as informações relevantes já foram submetidas. Comandos do tipo Finalizar, Cancelar, Submeter ou Enviar são geralmente programados através desta ferramenta.

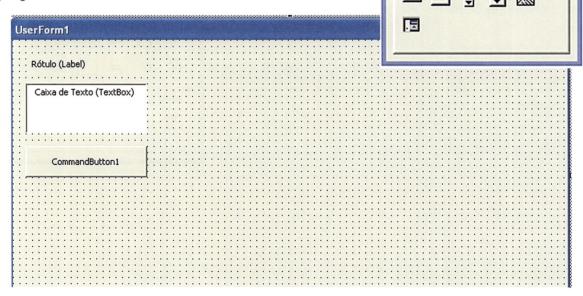

Criação de interfaces

Pode-se atribuir a um CommandButton a função de cancelar a operação, saindo do formulário. A programação é bastante simples. Dê um duplo clique sobre o botão criado no formulário. Aparecerá uma janela para você digitar um código associado ao clique do botão, com o nome da rotina abaixo:

```
Private Sub commanbutton1_Click()
' Esta macro está associada ao clique do commanbutton
Unload Formulario
End Sub
```

O evento Unload ocorre depois que um formulário é fechado, mas antes de ser removido da tela. Quando o formulário é recarregado, o VBA exibe novamente o formulário e reinicializa o conteúdo de todos os controles.

O CommandButton pode também finalizar a operação, guardando a informação recebida.

```
Private Sub commandbutton2_Click () ' Esta macro está associada ao clique do commanbutton
Sheets ("Plan1") . Select ' Seleciona a planilha onde está armazenada a informação
Cells (1, 1) = ListBox.Text 'Atribui a célula A1 o valor escolhido na ListBox
End Sub
```

Um ListBox é uma lista suspensa pela qual o usuário pode fazer uma escolha. Detalhamos a ListBox adiante.

O CommandButton pode ser usado para limpar as informações do formulário.

```
Private Sub commandbutton3_Click () 'Esta macro está associada ao clique no commandbutton
TextBox = "" 'Atribui um valor nulo à TextBox, limpando o formulário
End Sub
```

Pode-se fazer uma verificação geral de erros no evento de clique do botão como no exemplo a seguir.

```
    Private Sub commanbutton4_DblClick() 'Esta macro está associada a um duplo-clique no
    commanbutton
    If TextBox = "" Then ' Neste caso o erro seria a falta de texto na TextBox
    MsgBox "A caixa de texto está vazia", vbCritical, "Alerta"
    TextBox.SetFocus ' "Pré seleciona" a área em que houve o erro
            Exit Sub 'Sai da macro, evitando que a mensagem de que não há erros apareça
            End If
    MsgBox "Não há erros" 'Caso haja algum texto, a macro diz que não há erros
    End Sub
```

Botão de Ativação (ToggleButton)

O ToggleButton funciona como uma variável binária: quando selecionado, tem valor True; do contrário, seu valor é False. Isso faz com que ele tenha diversas funcionalidades dentro de um formulário: habilitar e desabilitar opções ou carregar dados diferentes. De modo geral, qualquer ferramenta pode, com o ToggleButton, funcionar de duas maneiras completamente diferentes, bastando condicionar a macro a um valor do botão (em princípio as possibilidades são infinitas, através da combinação de mais de um ToggleButton).

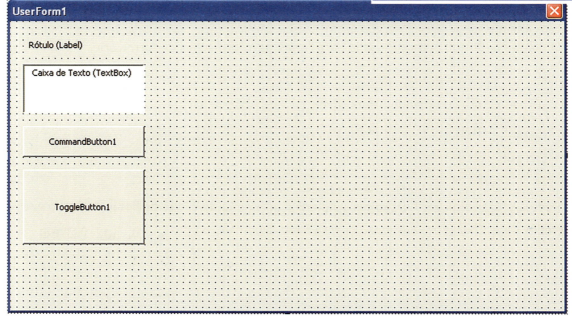

Exemplos:

1. Habilitando TextBox

```
Private Sub togglebutton1_Click()
If togglebutton1 = True Then
TextBox.Enabled = True 'Caixa de texto habilitada, caso o togglebutton esteja clicado
Else
TextBox.Enabled = False 'Caso o togglebutton esteja desativado, a caixa de texto também estará
End If
End Sub
```

Por meio das propriedades Enable=True e Enable=False, é possível habilitar determinada opção do seu código. No exemplo dado acima, por meio da condição utilizada pelo If é possível permitir ou não que a Caixa de Texto seja habilitada após o usuário acioná-la.

2. Mudando a lista carregada por uma ListBox

```
Private Sub togglebutton2_Click()
If togglebutton2 = True Then
ListBox.RowSource = "Plan1! A2:A10" 'Lista a ser carregada caso o togglebutton esteja ativado
Else
ListBox.RowSource = "Plan1!B2:B10" 'Caso ele não esteja, a lista carregada será outra
End If
End Sub
```

Caixa de Seleção (CheckBox)

É a ferramenta que permite agrupar e selecionar opções de forma não excludente. O que une as opções é o operador lógico E: pode-se escolher a opção 1 E a opção 2 E a opção 3, por exemplo. Cada CheckBox selecionado passa a ter valor True.

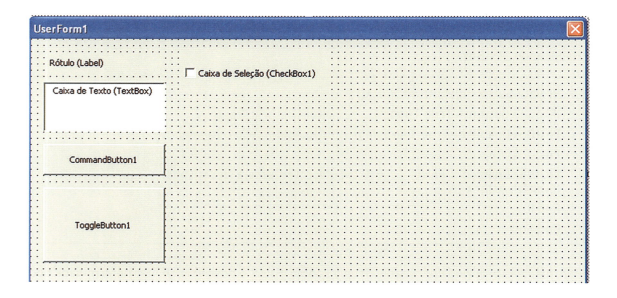

Exemplo: A seleção de opcionais de um carro oferece alternativas não excludentes que ilustram bem a praticidade do CheckBox. Neste formulário, foram inseridas três, uma para cada opcional.

Botão de Opção (OptionButton)

É a ferramenta para a escolha entre alternativas excludentes. Em cada OptionButton, lista-se uma alternativa, cabendo ao usuário escolher uma em detrimento das outras. O usuário poderá escolher o OptionButton1 OU o OptionButton2 OU o OptionButton3. Novamente, o OptionButton selecionado assume o valor True.

Criação de interfaces

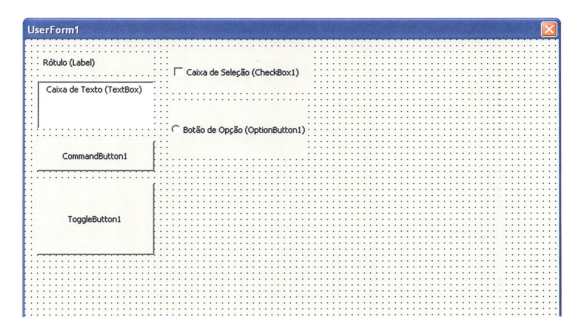

Exemplo: Como uma pessoa não pode ser homem e mulher ao mesmo tempo, faz sentido colocar cada opção como um OptionButton, já que apenas uma delas é possível. Ao selecionar uma, você automaticamente deixa de selecionar o outro.

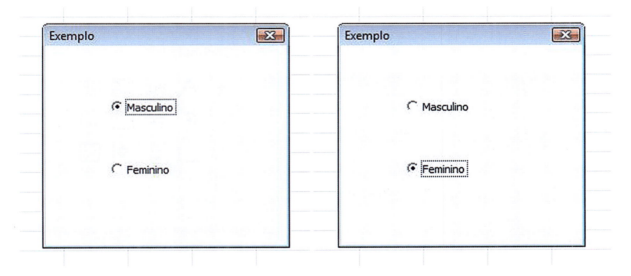

Os produtos para homens e mulheres podem ser diferentes, de modo que pode ser interessante condicionar as opções de uma ListBox ao OptionButton.

```
Sub sexo()
If masculino = True Then
ListBox.RowSource = "Plan1! A2:A10" 'Lista de produtos para homens
End If
If feminino = True Then
ListBox.RowSource = "Plan1! B2:B10" 'Lista de produtos para mulheres
End If
End Sub
```

Quadro (Frame)

Uma vez que apenas um OptionButton pode ser selecionado por vez, um formulário que na realidade necessitasse de dois conjuntos de OptionButtons teria problemas: ainda que um set não estivesse ligado ao outro, apenas uma opção dos dois sets poderia ser selecionada. O Frame corrige esse problema ao criar um "miniformulário" dentro do original, de forma que os OptionButtons dentro dele ajam de forma independente aos demais OptionButtons que estiverem fora do Frame ou dentro de outro Frame.

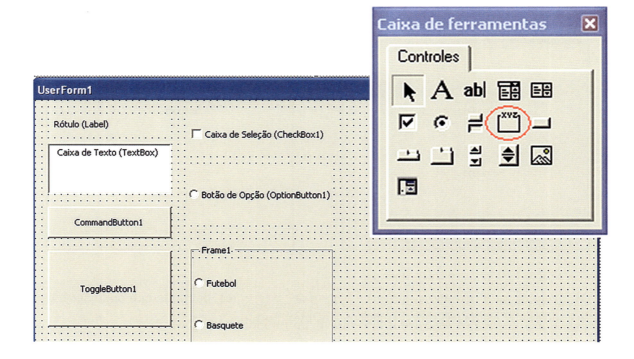

Exemplo: Aqui, cada coluna representaria um set diferente. Sem nenhum frame, apenas um OptionButton pode ser selecionado.

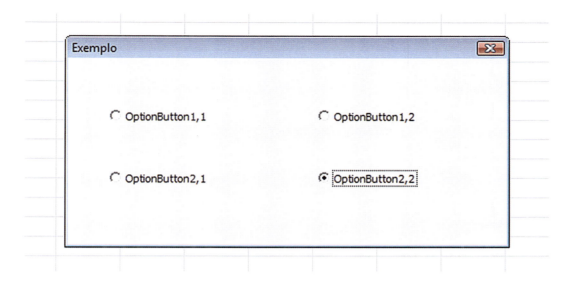

Ao colocarmos o segundo set dentro de um Frame, entretanto, podemos selecionar a gum OptionButton dentro dele mesmo que um OptionButton esteja selecionado fora do Frame.

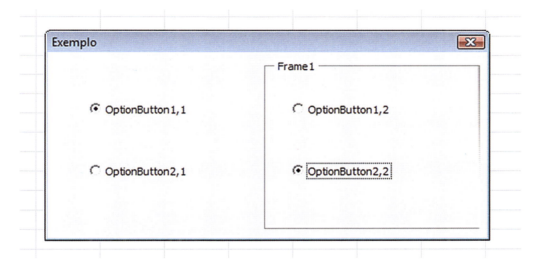

Caixa de Combinação (ComboBox)

Similar a uma ListBox, exceto que o usuário pode digitar um item que não está na lista. Em outras palavras, o ComboBox traz uma lista de opções associadas a um texto, permitindo ao usuário buscar ou digitar na lista o dado desejado. O controle da ComboBox é uma "mistura" da ListBox com a TextBox. Dessa forma, sua propriedade List será igual a um arranjo para preenchê-la, e sua propriedade Value retornará o item na caixa.

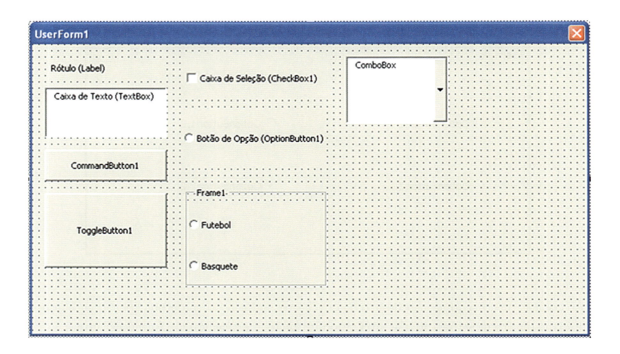

Exemplo: Um ComboBox funciona de forma muito semelhante à ListBox. Dessa maneira, se quisermos adicionar uma planilha à lista de opções da ComboBox, procederemos do mesmo jeito:

```
Sub listacombobox()
    Lista = "Cardapio! A2:A9" 'Seleciona o range das informações desejadas
    ComboBox.RowSource = lista 'Atualiza o Combo Box com a lista
End Sub
```

Podemos também fazer com que uma seleção do ComboBox desabilite outras ferramentas.

```
Sub desabilitar ()
    If Comodelo.Value = "Não" Then 'Se o usuário, dentre as opções listadas pela Combo Box, escolher não
    ListBox1.Enabled = False 'A List Box 1 fica desabilitada
End Sub
```

Caixa de Listagem (ListBox)

É utilizada para permitir ao usuário escolher um ou mais itens de uma lista. O usuário clica em um item com o intuito de selecioná-lo, ou pode utilizar a tecla Ctrl ou Shift para selecionar mais de um item (escolhas múltiplas). A propriedade Value indica o item selecionado, e a propriedade ListIndex indica a posição do item na lista, começando do zero.

Criação de interfaces

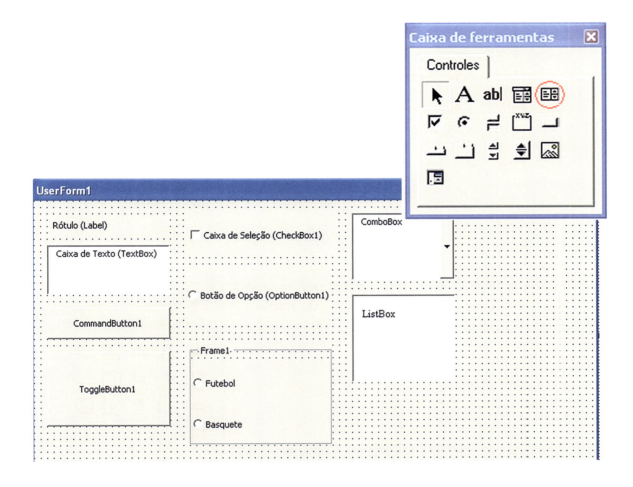

Exemplo: Podemos adicionar itens na ListBox:

> Sub adiciona()
> ListBox1.AddItem "Esta frase"
> End Sub

Podemos adicionar uma lista presente na planilha do Excel:

> Sub listaplanilha2()
> Lista = "Plan1: A2:A10" 'Define a lista como o range desejado na planilha 1
> ListBox2.RowSource = lista 'Faz aparecer na ListBox2 o que está na planilha 1, nas células A2 a A10
> End Sub

Se apenas soubermos onde começa a lista, mas não onde termina, poderemos fazer o seguinte:

```
Sub listaplanilha3()
Range ("A2").Select 'Célula de início
Selecion.End (xlDown).Select 'CTRL + Baixo: seleciona a última célula da coluna da célula de in~icio
Linha = ActiveCell.Row ' Extrai a linha desta última célula
Linha = "Cardápio! A2:A" & (linha) ' Atualiza a fonte com a última célula atualizada: A2:A9, por exemplo
ListBox.RowSource = lista 'Atualiza o ListBox 2 com a planilha
End Sub
```

Barra de Rolagem (ScrollBar)

É um controle gráfico no formulário que permite ao usuário "rolar" os itens presentes na TextBox à qual está acoplada com objetivo de selecionar o item mais conveniente naquele instante. A ideia é que o tamanho da janela pode ser menor do que o necessário, e por isso a "rolagem" da tela pode ser interessante. Por fim, a ScrollBar pode ser tanto horizontal como vertical.

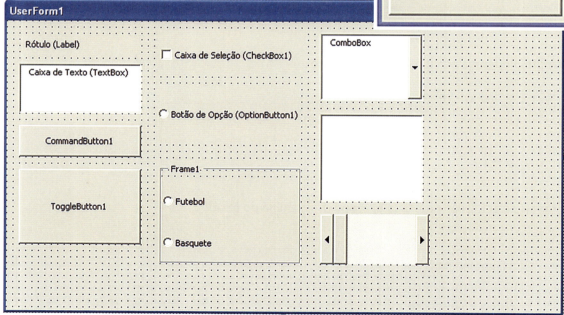

Exemplo: Aqui, o TextBox1 assume o valor do ScrollBar. Isto é, na em medida que pressionamos os direcionais do ScrollBar, é acrescido um valor ao TextBox1 (i=i+1).

Criação de interfaces

```
Private Sub Scrollbar1_Change ()
TextBox1 = ScrollBar1
End Sub
```

As propriedades Min e Max da ferramenta ScrollBar permitem que especifiquemos os valores limites da barra de rolagem.

Botão de Rotação (SpinButton)

Bastante semelhante ao ScrollBar, permite ao usuário selecionar um valor num intervalo de valores numéricos. Este controle possui um widget com entrada para cima e para baixo (ou para a esquerda e para a direita). Ao apertar o botão, o Spin mostra todos os valores disponíveis na amostra. O SpinButton tem uma função denominada Auto-Repeat: ao manter o Spin pressionado, os valores são mostrados mais rapidamente. A propriedade Value indica o valor do SpinButton.

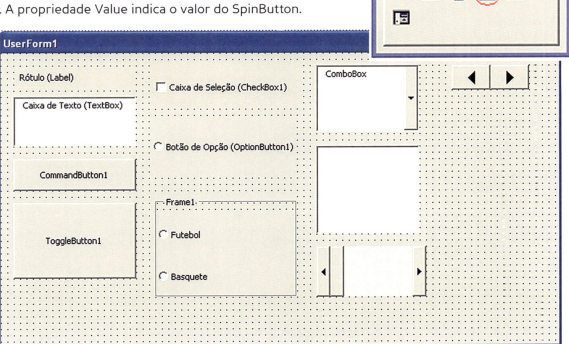

Exemplo: Assim como no ScrollBar, é possível que o TextBox1 assuma o valor do SpinButton. Isto é, na medida que pressionamos os direcionais do SpinButton, é acrescido um valor ao TextBox1 (i=i+1).

```
Private Sub SpinButton1_Change ()
TextBox1 = SpinButton1
End Sub
```

Multipágina (MultiPage)

É a ferramenta ideal para o usuário que irá trabalhar com diversos campos de informação. Isso porque permite dividir a tela por assuntos — em abas — facilitando a visualização dos dados. Desse modo, a ferramenta do VBA que aparece em uma aba pode não aparecer em outras.

Exemplo: A funcionalidade da ferramenta MultiPage pode ser demonstrada nas imagens abaixo.

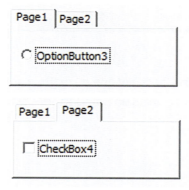

Criação de interfaces

Diferentemente do TabStrip (descrita no próximo tópico), ao mudar a aba selecionada, as ferramentas dentro dessa nova aba se alteram.

TabStrip

Bastante semelhante à ferramenta MultiPage, o TabStrip permite ao usuário navegar por diversas abas, usufruindo um campo de informação maior. A diferença entre essas duas ferramentas é o fato de que no TabStrip as ferramentas dentro delas aparecem em ambas as abas, enquanto no MultiPage cada ferramenta pertence a uma aba específica. Por exemplo, se o usuário quiser ocultar uma ferramenta de uma determinada aba, no TabStrip, este terá que programar para que isso ocorra.

A propriedade Value do objeto TabStrip indica a aba que está ativa. Esse valor é um número sequencial que se inicia no zero, que corresponde à primeira aba à esquerda.

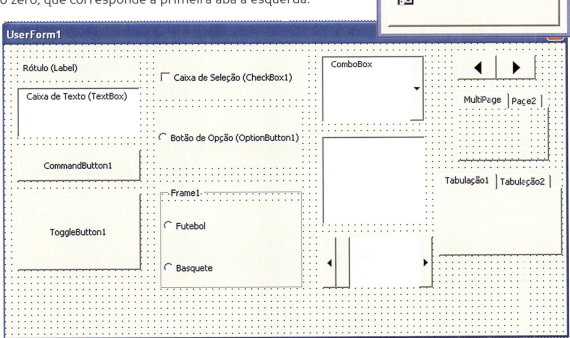

Exemplo: Em uma ferramenta TabStrip, o que podemos fazer é habilitar/desabilitar as ferramentas que estão dentro dela quando selecionamos uma ou outra aba.

```
Private Sub TabStrip1_Change () 'Neste exemplo, dentro da TabStrip1 há dois checkbox
If TabStrip1.Value = 1 Then 'Se estivermos na segunda aba (valor = 1)
CheckBox1.Enabled = False 'Desabilitamos a opção de selecionar os dois checkbox
CheckBox2.Enabled = False
End If
If TabStrip1.Value = 0 Then 'Se estivermos na primeira aba (valor = 0)
CheckBox1.Enabled = True 'É possível selecionar os dois checkbox
CheckBox2.Enabled = True
End If
End Sub
```

Imagem (Image)

É o elemento de controle que permite a inclusão de uma imagem em um formulário. Aceita arquivos no formato .bmp, .gif, .jpg, .cur, .ico e .wmf.

A inclusão de uma imagem qualquer é utilizada visando melhorar a interpretação da interface criada pelo usuário. Esta ação deve ser feita segundo os formatos listados acima e selecionados ao abrir a janela de opções de arquivos dentro da função Image.

RefEdit

É o elemento de controle destinado a selecionar dinamicamente o intervalo em um planilha. É o mesmo elemento de controle que aparece na entrada de dados na geração de dados no Excel.

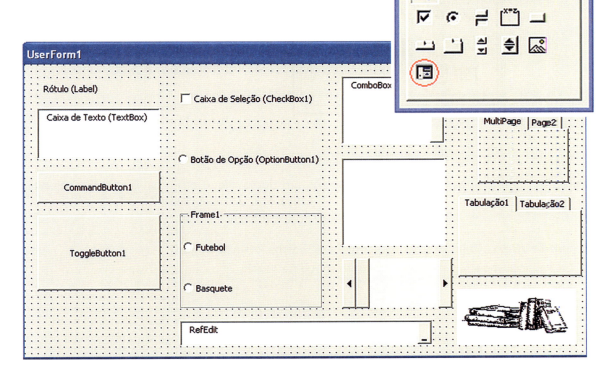

Exemplo: Ao escolher o intervalo desejado, podemos calcular quantos valores existem no Range. A programação está demonstrada abaixo:

```
Private Sub CommandButton5_Click()
B = WorksheetFunction.Count (RefEdit1)
ComboBox1.Value = b
End Sub
```

Calendário (na Caixa de Ferramentas chama-se MonthView)

Aplicativo no qual podemos selecionar a data de uma forma interativa. O calendário é mostrado no formulário, com a data atualizada, ou com a escolhida pelo usuário. A propriedade Value retorna a data selecionada.

Exemplo: Podemos fazer com que, ao darmos um duplo clique em uma TextBox, o calendário apareça.

```
Sub TextBox1_DblClick (ByVal Cancel As MSForms.ReturnBoolean)
Calendario.Show 'Ao darmos um duplo clique na TextBox1, o calendário aparece
End Sub
```

Podemos fazer com que, ao clicarmos em uma data no calendário, essa data apareça em uma TextBox. Para isso, precisamos escrever a data na planilha e capturar essa data novamente para a TextBox.

```
Sub Calendar_DateClick (ByVal Date Clicked As Date)
Sheets ("Plan2"). Range ("E2") . Value = Calendar.Value ' Aqui, ao escolhermos a data no ca-
lendário, ela é escrita na planilha
Unload Calendario 'Aqui, descarregamos o calendário
TextBox1.Text = Sheets ("Plan2"). Range ("E2").Value 'Aqui, pegamos a data da planilha e
escrevemos na TextBox1
End Sub
```

Obs.: Algumas versões mais antigas do Microsoft Excel podem não apresentar o objeto Calendário. É necessário consultar a versão do Excel que está sendo utilizada para identificar a possibilidade ou não de fazer uso de tal objeto.

Caixa de Ferramentas — novas ferramentas

Por fim, é importante conhecer como o usuário pode inserir novas ferramentas na Caixa de Ferramentas.

Criação de interfaces

Na barra superior da janela do VBA, clique no botão Ferramentas e em seguida Controles Adicionais.

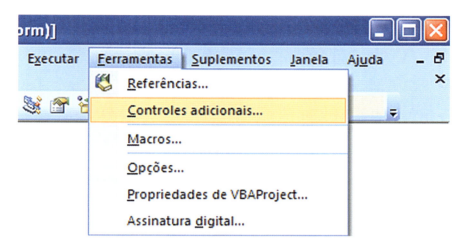

Uma lista com diversas ferramentas vai aparecer para o leitor. Para inseri-las na Caixa de Ferramentas, basta selecionar na coluna à esquerda de cada ferramenta e depois clicar em OK.

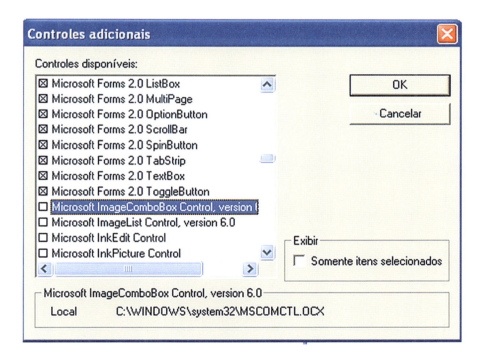

A nova ferramenta selecionada vai aparecer ao lado das outras, como é possível observar na figura a seguir (antes e depois):

8

Proteção aos códigos

A programação em VBA também pode ser útil para a segurança da planilha dos usuários. Por meio de uma associação de códigos, é possível proteger sua planilha contra diversas ameaças, inclusive ensinando a colocar um código de acesso para ela.

Proteção — Salvar

A proteção salvar tem como objetivo impedir que o usuário salve as modificações que ele fez, assim como salvar uma cópia do mesmo. Muitas vezes, por falta de conhecimentos ou desatenção, o usuário pode salvar alguma alteração que prejudique ou comprometa o funcionamento da Sub, e é com o intuito de evitar essa ação que é utilizada a proteção contra o salvamento. A operação está descrita a seguir:

Exemplo 1: Proteção contra salvamento

```
Private Sub Workbook_BeforeSave (ByVal SaveAsUI As Boolean, Cancel As Boolean) 'Esta Private Sub previne que qualquer usuário salve a planilha
SaveAsUI = False 'Impede que apareça o prompt de salvar
Cancel = True 'Cancela o processo de salvar
Me.Close SaveChanges:= False 'Opcional: fecha o workbook imediatamente sem salvar nada
End Sub
```

Proteção Workbook/Worksheet

Proteger um Workbook ou um Worksheet consiste em impedir o usuário de modificá-los, salvo a introdução de uma senha preestabelecida. A imagem a seguir ilustra a restrição imposta pelo Excel quando a planilha está modificada:

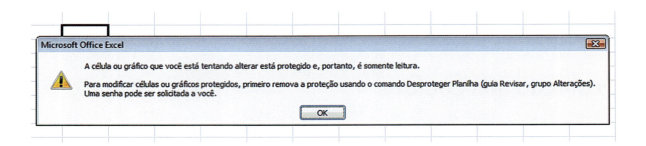

Esta proteção é muito útil quando desejamos restringir mudanças a planilhas específicas (por exemplo, uma planilha com os salários dos funcionários) e assim evitar perda de dados importantes.

Quando protegemos um Workbook, restringimos o acesso de modificações a todas as planilhas (Worksheets) contidas nele; já quando restringimos um Worksheet, prevenimos mudanças em uma planilha específica.

Proteção WorkBook

Exemplo 2: Criaremos dentro de um módulo uma Sub que irá restringir a modificação de um Workbook através da introdução de uma senha de acesso.

```
Sub lockworkbook ()
ActiveWorkbook.Protect Password = "Secret" 'Código que protege o workbook ativo, sendo no caso a senha "secret"
End Sub
```

Exemplo 3: Como contraexemplo, o desbloqueio de um Workbook (neste caso, o parâmetro Password é opcional):

```
Sub unlockworkbook ()
A = InputBox ("Insira a senha!")
ActiveWorkbook.Unprotect Password:=a
End Sub
```

Proteção Worksheet

Já para o caso de restrição de uma Worksheet, segue-se a mesma lógica:

Exemplo 4: Proteção contra Worksheet.

```
Sub lockworksheet ()
Sheets ("Plan1"). Protect Password = "secret", UserInterfaceOnly:= True
'Similar ao anterior, porém a inclusão do segundo termo afeta apenas ao usuário e não
apenas o programador
End Sub
```

Neste caso poderíamos também utilizar Unprotect para liberar a planilha.

Proteção Código

Dentro da tela de programação do VBA, na barra de ferramentas selecione Ferramentas -> Propriedades de VBAProject –> Proteção.

Nesta opção você poderá inserir uma senha para proteger seu código (macros, formulários etc.), evitando que usuários que não possuam a senha sejam incapacitados de visualizar ou modificar sua programação.

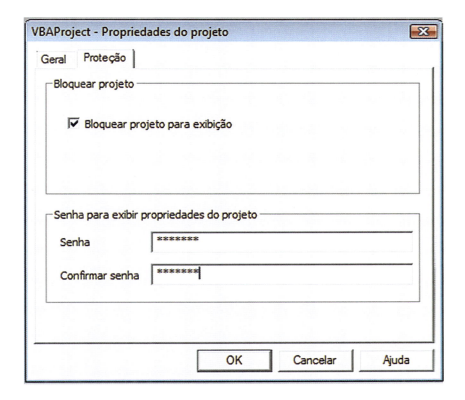

Vale lembrar que existem vários programas na internet que permitem a quebra dessa senha, tornando assim seu código vulnerável. Para dificultar essa ação, sugere-se a criação de uma senha com muitos caracteres, incluindo números, símbolos e letras maiúsculas e minúsculas (ex.: dPOm21²#$2djsY*2-¿2).

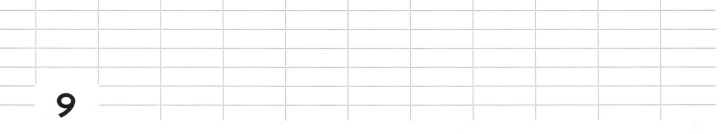

9

Gráficos

Este capítulo é dedicado à manipulação de gráficos a partir das planilhas de dados. As propriedades e métodos apresentados serão de grande utilidade para diversos profissionais que precisam apresentar uma série de dados por meio de um gráfico, seja ele de qual tipo for (linha, pizza, coluna etc.).

Propriedades e métodos

- **Método Add**
  Adiciona um novo gráfico em sua planilha.

- **Propriedade Nome**
  Define o nome do gráfico que o usuário está desenvolvendo. Cuidado para não gerar um nome de um gráfico já existente, o que fará com que o programa acuse um erro.

- **Propriedade Chartype**
  Define o estilo do gráfico que está sendo desenvolvido. Os principais estão na tabela a seguir.

Tipo	Constante	Tipo	Constante
Área	xlArea	Coluna	xl3DColumn
Linha	xlLine	Radar	xlRadar
Barra Horizontal	xlBarClustered	Cone	xlConeCol
Barra Vertical	xlColumnClustered	Superfície	xlSurface
Torta (Pizza)	xlPie	Cilindro	xlCylinder
Bolha	xlBubble	Pontos	xlXYScatter
Pirâmide	xlPiramidCol	Anéis	xlDougnut

- **Método SetSource**
  Mostra a origem dos dados do gráfico.

- **Propriedade Location**

Mostra em que região da planilha o gráfico deve ser criado: se for em uma nova planilha (Location recebe xlLocationAsNewSheet) ou em uma planilha já existente (Location recebe xlLocationAsObject).

Dados do gráfico

Existem duas formas de dados em gráficos serem gerados: intervalo de dados ou séries.

```
Sub Macro 1()
Range ("B1:C8").Select
ActiveSheet.Shapes.AddChart.Select
ActiveChart.SetSourceData Source:=Range (" 'Plan1' ! $B$1: $C$8")
ActiveChart.Chartype = xlLine
ActiveChart.SeriesColletion (2).Select
Selection.Delete
Range ("D2"). Select
End Sub
```

A macro a seguir mostra um gráfico criado por inserção de dados por intervalo de dados.

```vba
Sub graficointervalo()
    Charts.Add
    ActiveChart.Name = "Gráfico Teste"
    ActiveChart.ChartType = xlLineMarkets
    Active:Chart.SetSourceData Source:=Sheets ("Plan1"). Range ("A1:B10ized10")
PlotBy:= xlColumns
    ActiveChart.Location where:= xlLocationAsObject, Name:= "Plan1"
    With ActiveChart
    .HasTitle = True
    .ChartTitle.Charters.Text = "Faturamento"
    .Axes(xlCategory, xlPrimary).HasTitle = True
    .Axes (xlCategory, xlPrimary).AxisTitle.Characters.Text = "Ano"
    .Axes(xlValue, xlPrimary).HasTitle = True
    .Axes (xlValue, xlPrimary). AxisTitle.Characters.Text = "Faturamento"
    End With
End Sub
```

	A	B	C	D	E
1	R$ 120.000,00	2000		Faturamento	Ano
2	R$ 130.000,00	2001			
3	R$ 100.000,00	2002			
4	R$ 156.000,00	2003			
5	R$ 164.000,00	2004			
6	R$ 132.000,00	2005			
7	R$ 189.000,00	2006			
8	R$ 200.000,00	2007			
9	R$ 234.000,00	2008			
10	R$ 197.000,00	2009			

10

Impressão

Por meio de comandos simples, é possível determinar qual arquivo deve ser impresso e quais as determinações, como quantidade de cópias, nome do arquivo e intervalo de páginas a serem impressas.

Principais propriedades

- **Método PrintOut**

Trata do envio de um documento à impressora. Quando associado a um Workbook (Active.Workbook.PrintOut), todas as planilhas do arquivo serão impressas de uma única vez. Quando associado a um WorkSheet (ActiveSheet.PrintOut), somente uma determinada planilha é impressa. Os parâmetros estão na tabela abaixo:

Parâmetro	Atividade
From	Página inicial
To	Página final
Copies	Quantas cópias
Preview	True para visualizar a impressão
ActivePrinter	Nome da impressora
PrinttoFile	True para imprimir criando um arquivo
Collate	True para agrupar cópias
PrtoFileName	Nome do arquivo a ser criado

```
Sub teste()
Activeworkbook.PrintOut
            PrintOut([From], [To], [Copies], [Preview], [ActivePrinter], [PrintToFile], [Collate], [PrToFileName], [IgnorePrintAreas])
End Sub
```

```
Sub teste()
ActiveSheet.PrintOut 1
End Sub
```

Após esta macro, o Excel abre uma janela para executar a impressão.

- **Método PrintPreview**

  Permite visualizar a impressão por meio do código "Sheets(Plan1).PrintPreview".

- **Propriedade View**

  Mostra como será a visualização da impressão, usando os códigos "xlPageBreakPreview" para indicar a visualização as quebras de página e o valor "xlNormalViwe" para não mostrar as mesmas quebras.

- **Propriedades das margens**

  Permite configurar as margens para impressão. A tabela abaixo mostra algumas das propriedades:

Propriedade	Utilidade da margem
LeftMargin	Esquerda
RightMargin	Direita
BottomMargin	De baixo
TopMargin	De cima
HeaderMargin	Do cabeçalho
FooterMargin	do rodapé

- **Propriedade PageSetup.BlackAndWhite**

  Indica que a impressão será feita em preto e branco. Para que isso ocorra, basta usar com o valor True para esta propriedade no código.

Impressão

- **Propriedade PageSetup.CenterHorizontally e PageSetup.CenterVertically**
Serve para centralizar a impressão na horizontal e vertical, caso o valor True esteja especificado no código.

- **Impressão em uma única página**
Com o código abaixo, é possível imprimir todo o arquivo em uma única página.

```
Sub unicapagina()
        Sheets ("Plan1"). PageSetup.Zoom = False
        Sheets ("Plan1"). PageSetup.FitToPagesWide = 1
        Sheets ("Plan1"). PageSetup.FitToPagesTall = 1
        ActiveSheet.PrintOut
End Sub
```

Obs.: As propriedades de FitToPagesWide e de FitToPagesTall foram configuradas comc iguais a 1 para imprimir tudo em uma única página.

11

Tratamento de erros e depuração

Este capítulo apresenta como é possível tratar os erros e a depuração por meio da programação VBA. É uma grande ferramenta para o usuário que pretende trabalhar controlando a quantidade de mensagens com erro e localizando o erro propriamente dito nas janelas de código e na interface do usuário.

Procedimento On Error

OnError Goto 0

Quando o erro de execução ocorrer, aparecerá a mensagem de erro-padrão do VBA, na qual o usuário pode entrar no modo de depuração ou fechar a aplicação.

```
Sub zero ()
On Error GoTo 0
Dim a As Integer
Dim n As Integer
N = "abc"
Range ("A1").Select
ActiveCell.Value = n
End Sub
```

```
Sub label ()
On Error GoTo validação
Dim a As Integer
Dim n As Integer
N = "abc"
Validação:
        N = S
Range ("A1"). Select
ActiveCell.Value = n
End Sub
```

Procedimento Resume

O Resume, que é associado a um Procedimento OnError, faz com que seu programa vá para a linha que o erro está acontecendo e reinicialize a macro a partir desse ponto. O perigo disso é que, se o erro não for corrigido, o programa poderá entrar em loop infinito, pois ele vai até o erro, não o corrige, reinicializa a partir desse ponto (que não está corrigido) e acaba voltando ao Resume infinitamente.

```
Sub exemploresume1()
On Error GoTo Tratamento
Worksheets ("ABC"). Activate
Exit Sub
Tratamento:
Worksheets.Add.Nome = "ABC"
Resume
End Sub
```

Neste exemplo, caso a aba com o nome de "ABC" não exista, o programa vai criar a planilha e depois disso o programa será reiniciado no ponto onde o erro ocorreu. É importante também utilizar a opção Exit Sub para que a parte dos comandos do tratamento não seja executada novamente, causando loop infinito.

OnError Resume Next

É o tratamento de erro mais utilizado, porém não corrige o erro, somente o ignora, o que pode causar funcionamento incorreto do programa.

```
Sub exemploresume2()
On Error Resume Next
Worksheets ("ABC").Activate
Exit Sub
End Sub
```

Neste exemplo, a opção resume Next apenas pula o erro (planilha "ABC" não existe) e sai da Sub.

Resume <Label>

A diferença desse comando para o procedimento Resume padrão é que faz com que o programa desvie para um processo determinado pelo <Label>.

```
Sub exemploreusme3()
On Error GoTo Tratamento
Dim n As Integer
Calc:
Range ("A1").Select
ActiveCell.Value 1 / n
Exit Sub
Tratamento:
N = 5
Resume Calc
End Sub
```

Neste exemplo, quando o erro ocorre, temos a correção do erro no comando Tratamento, e, com a opção Resume Calc, o programa será reiniciado a partir dos comandos de Calc.

O futuro do tratamento de erros no VBA

Como vimos, o tratamento de erros no VBA é baseado na função OnError que não consegue tratá-los de maneira satisfatória, muitas vezes levando a estruturas de código não muito amigáveis.

Linguagens como C++ possuem uma estrutura de código chamada Try/Catch, que permite maior detalhamento e controle.

É esperado que a Microsoft introduza em algum momento esse tipo de comando/código, que poderá facilitar o trabalho de quem atua com VBA.

Depuração

Consiste na inspeção da execução do código, normalmente visando ao entendimento detalhado de seu funcionamento e/ou à busca dos motivos para o aparecimento de erros de execução. O VB e o VBA apresentam uma interface e um conjunto de funções de depuração que ajudam bastante o desenvolvedor.

Nesta seção serão abordados os seguintes tópicos, referentes às formas de depuração:
- Depuração total.
- Depuração parcial.
- Depuração circular.
- Pontos de interrupção.

Essas formas podem ser encontradas no menu Depurar da interface do VBA do Excel.

Depuração total

Executa as instruções do programa uma a uma e acusa quando encontra um erro. A depuração total percorre as linhas da Sub e, se por acaso esta Sub se refere a outra Sub em suas instruções, o depurador irá percorrê-la por completo e depois voltar à Sub inicial.

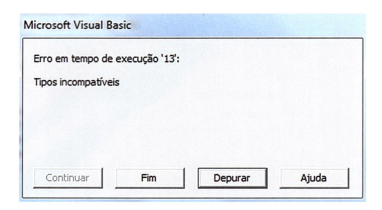

Depuração parcial

A diferença deste tipo de depuração para a depuração total é que, quando o depurador estiver percorrendo as linhas da Sub, se ele encontrar referência a outra Sub ele não irá percorrê-la, apenas irá continuar na Sub inicial.

Depuração circular

Executa a sub-rotina corrente até o seu final. No entanto, se esta sub-rotina chamar outra, o programa depura a outra sub-rotina e retorna à primeira.

Exemplo: A linha em amarelo indica onde o erro foi encontrado.

```
If setor = "" Then
    Valorsetor = 0
Else
        Setores = setor.Value
        Sheets ("Plan1"). Select
        Cells.Find (setor.Value).Activate
        Linha = ActiveCell.Row 'Identifica a linha ativa
        Valorsetor = Cells (linha, 6)
End If
```

Pontos de interrupção (Stop)

Permite colocar um ponto de interrupção na execução do programa, de modo que, se existir algum erro, você pode fazer com que este programa seja executado até um ponto anterior a esse erro. Esta ferramenta é útil para visualizar o andamento do programa e os possíveis motivos que levaram à ocorrência do erro.

Exemplo: A linha marrom indica onde o ponto de interrupção foi colocado, logo acima do erro já depurado.

```
If setor = "" Then
Valorsetor = 0
Else
        Setores = setor.Value
        Sheets ("Plan1"). Select
        Cells.Find (setor.Value).Activate
        Linha = ActiveCell.Row 'Identifica a linha ativa
        Valorsetor = Cells (linha, 6)
End If
```

12

Aprendendo a estruturar um programa de investimentos

Este capítulo ensina a estruturar um programa básico de investimentos. No exemplo, será uma simulação de investimento em caderneta de poupança e CDB (certificado de depósito bancário).

Programa de investimento

Por meio desta ferramenta, é possível obter, dependendo de variáveis como tempo e taxa de juros que o investidor irá inserir, a escolha da melhor opção de investimento e o resultado de cada uma das aplicações.

Para a montagem deste programa de investimento, será utilizado o Visual Basic. Ao aprender esse mecanismo de criação, o leitor poderá fazer depois seus próprios programas com mais facilidade, além de conseguir elaborar macros mais complexas com o tempo.

A ideia é juntar todos os conceitos vistos até agora no livro e utilizá-los para a criação de ferramentas que podem ser muito úteis. Dessa maneira, será apresentado a seguir um passo a passo para a realização dessa tarefa.

Primeiramente, abra sua Microsoft Excel. Com a macro habilitada, clique em Desenvolvedor e, logo após, em Visual Basic.

Na página que abrir, clique com o botão direito do mouse em Plan1. Abrirão algumas opções. Clique em Inserir e, então, em Módulo.

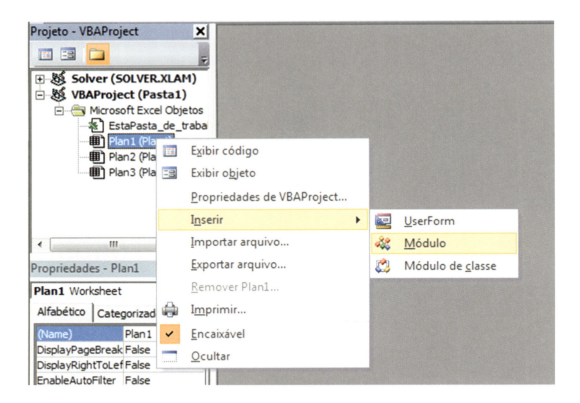

Com dois cliques no Módulo, vai aparecer uma janela para ter acesso ao campo em que o leitor poderá inserir os códigos do programa, permitindo iniciar o programa de investimentos.

Antes de iniciar a montagem do programa, é necessário definir sua estrutura. Como ele servirá como um exemplo, a macro será um comparativo entre CDB e caderneta de poupança.

Para começar, deve-se digitar Sub e o nome do programa. Neste exemplo, será dado o nome de "prog_invest". Lembre-se de que, caso seja um nome composto, devem-se separar as palavras com um underline.

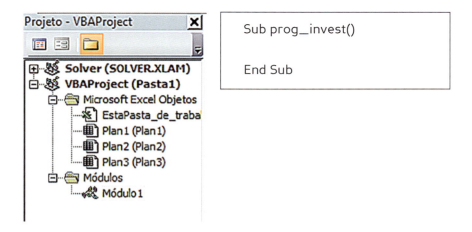

Os códigos da macro devem estar sempre entre o Sub e o End Sub; caso contrário, o programa não funcionará.

Após, será necessário definir as variáveis do programa. Como se trata de um comparativo entre dois investimentos (caderneta de poupança e CDB), tem-se: taxa de juros, tempo, taxa Selic (no caso da poupança), montante, taxa referencial e taxa do CDI (certificado de depósito interbancário).

Cabe ao leitor identificar, quando for estruturar seus próprios simuladores, todas as variáveis do programa que deseja elaborar e identificar os tipos (dimensões) delas.

Em sequência, conforme visto, devem-se inserir as variáveis. A seguir, o leitor tem um exemplo:

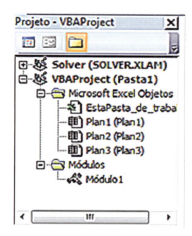

A função Dim indica que o usuário está inserindo uma variável ao programa. As palavras após o comando Dim representam o nome da variável (fica a critério da pessoa escolher o nome). E ao fim, onde está escrito Single, indica a dimensão da variável, ou seja, quantas casas decimais terão.

As dimensões que podem ser usadas no VBA, conforme detalhado no início deste livro, são as seguintes:
- String: Texto.
- Long: Número longo.
- Boolean: True ou False.
- Currency: Ponto flutuante (moeda, por exemplo).
- Integer: Números inteiros.
- Quad-integer: Números inteiros (maior variação de números).
- Single: Número decimais.
- Double: Números decimais (maior variação de números e casas decimais).
- Date: Data.
- Byte: Números inteiros que variam entre 0 e 255.
- Word: Números inteiros que variam entre 0 e 65.535.
- Double-Word: Números inteiros que variam entre 0 e 4.294.967.295.
- Extended-precision *floating point*: Oferece máxima precisão e números com até 18 casas decimais.

Lembrando que, quanto mais casas decimais tiverem, maior será o tamanho (em armazenamento) da macro, assim como a quantidade de memória utilizada será maior também.

A partir disso, basta completar com as demais variáveis do programa, conforme a figura a seguir. Vale lembrar que no VB e no VBA não há distinção entre letras maiúsculas e minúsculas nos códigos.

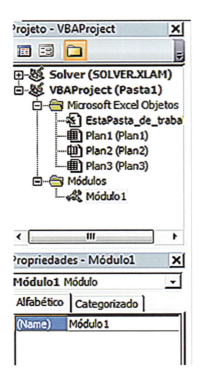 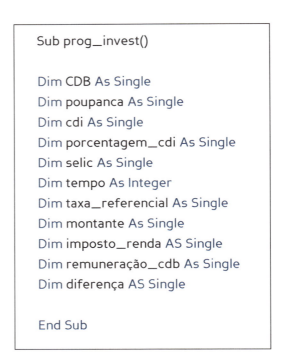

No caso da variável Tempo, a dimensão utilizada é Integer, já que a macro exigirá números inteiros ao usuário quando ele for inserir o número de meses.

Definidas as variáveis, o programador deve, então, definir quais serão as perguntas que o programa fará ao usuário. Para isso, selecionar a variável desejada e criar uma frase, conforme exemplo a seguir:

Aprendendo a estruturar um programa de investimentos

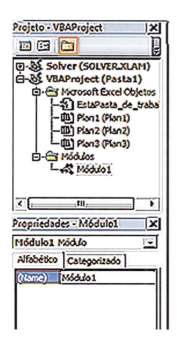

```
Sub prog_invest()

Dim CDB As Single
Dim poupanca As Single
Dim cdi As Single
Dim porcentagem_cdi As Single
Dim selic As Single
Dim tempo As Integer
Dim taxa_referencial As Single
Dim montante As Single
Dim imposto_renda AS Single
Dim remuneração_cdb As Single
Dim diferença AS Single

Montante = CSng (InputBox ("Digite o montante inicial"))
End Sub
```

No exemplo, a primeira variável escolhida foi a Montante. Neste caso, a frase criada para ela será a primeira que o programa fará ao usuário, e assim por diante.

Escrita a variável, deve-se convertê-la a Single, através do comando CSng, pois a dimensão utilizada para a variável Montante foi Single. Caso a dimensão fosse Integer, utilizaríamos o comando CInt; caso fosse Double, utilizaríamos CDbl, e assim por diante.

Function	Result type
CByt	Byte
CCur	Currency
CCux	Extended-currency
CDbl	Double-precision floating-point
CDwd	Double-word
CExt	Extended-precision floating-point
CInt	Integer
CLng	Long-integer
CQud	Quad-integer
CSng	Single-precision floating-point
CWrd	Word

Definido então o CSng, abrem-se parênteses e insere-se o InputBox. O InputBox indica que a seguir entrará a frase que será usada. Colocam-se, então, outros parênteses e, entre aspas, insere-se a frase desejada. Lembrando que toda String deve ser colocado entre aspas no Excel.

Diante disso, seguir com as demais variáveis.

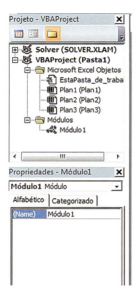

```
Sub prog_invest()

Dim CDB As Single
Dim poupança As Single
Dim cdi As Single
Dim porcentagem_cdi As Single
Dim selic As Single
Dim tempo As Integer
Dim taxa_referencial As Single
Dim montante As Single
Dim imposto_renda AS Single
Dim remuneração_cdb As Single
Dim diferença AS Single

Montante = CSng (InputBox ("Digite o montante inicial"))
Selic = CSng (InputBox ("Digite o valor da taxa Selic (%) anual" ))
Taxa_referencial = CSng (InputBox ("Digite a Taxa Referencial (%) mensal"))
Porcentagem_cdi = CSng (InputBox ("Qual a porcentagem do CDI remunera o CDB escolhido?"))
Cdi = CSng (InputBox ("Digite a rentabilidade do CDI (%) mensal"))
Tempo = CInt (InputBox ("Digite o número de meses da aplicação"))
End Sub
```

Montada a estrutura do programa, cabe agora ao programador definir as particularidades de cada um dos investimentos. No caso da caderneta de poupança, por exemplo, em 2012 houve alteração na forma de remuneração. Se a taxa Selic estiver acima de 8,5% ao ano, a regra da rentabilidade da poupança continuará inalterada. Abaixo desse valor, ela passa a valer 70% da Selic mais a taxa Referencial.

Sendo assim, o programador deve inserir um comando para que a macro saiba analisar automaticamente qual fórmula utilizar dependendo da taxa Selic que o usuário inserir no programa. Para isso, deve-se utilizar o comando If, de acordo com a figura a seguir:

```
If selic > 8.5 Then
Poupança = montante * ((1,005 + (TR / 100)) ^ tempo))
Else
Poupança = montante * ((((1 + (0.7 * (selic / 100))) ^(tempo / 12)) + (TR / 100)))
End If

End Sub
```

Ou seja, caso a taxa Selic seja maior que 8,5% ao ano (If Selic > 8.5 Then), a variável Poupança receberá o valor da fórmula expressa. Já se a taxa Selic for menor que 8,5% ao ano (Else), a variável Poupança assumirá o valor expresso pela segunda fórmula. Lembrando que, sempre após inserir um comando If, o programador deve inserir o EndIf no fim para indicar que não está sendo mais utilizada tal estrutura de seleção.

Além do comando If para a taxa Selic, o programador deverá adicionar outro para o imposto de renda. Sobre o CDB incide uma taxa regressiva do IR; ou seja, dependendo do prazo da aplicação, incidirá um valor diferente do IR sobre o investimento.

Para aplicações de seis meses ou menos, incide uma taxa de 22,5%. Para até 12 meses, 20%. Até 24 meses, 17,5%. E, finalmente, para investimentos de mais de 24 meses, 15%.

Diante disso, basta fazer um comando If, para o imposto de renda, conforme o exemplo a seguir:

```
If tempo <= 6 Then
Imposto_renda = 0.225
ElseIf tempo <= 12 Then
Imposto_renda = 0.2
ElseIf tempo <=24 Then
Imposto_renda = 0.175
ElseIf tempo > 24 Then
Imposto_renda = 0.15
End If
```

Quando a variável Tempo assumir um valor menor ou igual a 6 meses, a variável "imposto_renda" receberá o valor de 0,225, e assim por diante. O programa faz com que a variável "imposta_renda" assuma automaticamente o valor assim que o usuário inserir o número de meses da aplicação.

Após, inserir a fórmula para o cálculo do CDB. Não tem segredo. Basta pegar os nomes das variáveis utilizadas e montar uma conta:

```
Remuneracao_cdb = porcentagem_cdi * cdi

Cdb = (imposto_renda * montante * (1 + (remuneracao_cdb / 100 ))) ^ (tempo / 12)
CDB = montante * (1 + (remuneração_cdb / 100)) ^(tempo / 12) – CDB
```

Falta agora apresentar ao usuário os resultados desse comparativo entre a caderneta de poupança e o CDB. Para isso, utilizaremos uma MsgBox para mostrar uma janela com o resultado. Para utilizar essa função, basta digitar:

MsgBox ("digite o texto aqui").

Entretanto, a ideia é que via MsgBox o programa informe o resultado dos investimentos automaticamente. Para isso, utiliza-se o operador & para que seja feita a concatenação do valor da variável ao texto anterior na Caixa de Mensagem. Segue exemplo:

> MsgBox ("digite o texto aqui" & nome_variavel)

Segue exemplo utilizado no programa:

> MsgBox ("Poupança: R$ " & poupanca)
> MsgBox ("CDB: R$ " & cdb)

O usuário verá, então, as seguintes janelas:

Há, também, a possibilidade de deixar os resultados expressos na planilha:

	A	B
1	Poupança	CDB
2	R$ 105,95	R$ 123,20

Para isso, o programador deve inserir o código Cells(l,c) na macro. Por exemplo: Cells(2,3) representa a célula da linha 2 da coluna 3. Para expressar o resultado do programa, deve-se escolher uma célula de preferência e igualar o Cells ao nome da variável desejada. O mesmo vale para um texto. Lembrando que o texto deve estar entre aspas.

Seguem os códigos usados para a montagem da pequena tabela mostrada anteriormente:

> Cells (1, 1) = "Poupança"
> Cells (1, 2) = "CDB"
> Cells (2, 1) = poupanca
> Cells (2, 2) = cdb

Aprendendo a estruturar um programa de investimentos

Agora, o programador pode usar sua imaginação e adicionar comandos ao programa. Um pequeno exemplo é o MsgBox comparativo:

> If Cells (2, 2) > Cells (2, 1) Then
> MsgBox ("Será mais rentável aplicar em CDB")
> Else
> MsgBox ("Será mais rentável aplicar em Poupança")
> End If

Para o usuário, a mensagem que vai aparecer será igual à figura a seguir:

Mas como o usuário conseguirá fazer este programa rodar? Há uma maneira de solucionar, fazendo com que ele não precise de um conhecimento aprofundado de Excel para saber abrir uma macro. Segue um exemplo:

Este é um botão simples que o programador pode fazer. Aparecerá na planilha inicial. Ao clicar no botão, a macro funcionará. Sendo assim, segue o tutorial para a realização desse mecanismo.

Primeiramente, clique em Inserir e Formas. Selecione então um modelo de preferência.

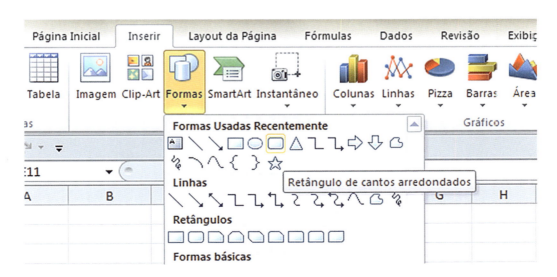

Depois, clique em qualquer lugar da planilha pra fazer com que a forma escolhida apareça. Clique com o botão direito do mouse sobre a forma e vá em Editar Texto.

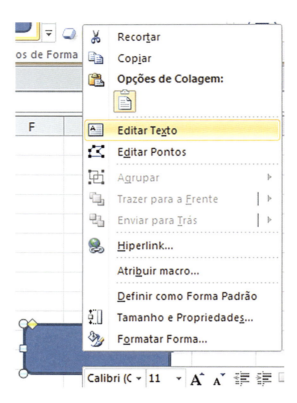

Insira então um texto de preferência. Algo que deixe claro ao usuário que ele tem de clicar no botão. Exemplos: "Clique Aqui" ou "Iniciar o Programa".

Após, clique novamente com o botão direito do mouse no botão, clique em Atribuir Macro e depois selecione a macro desejada.

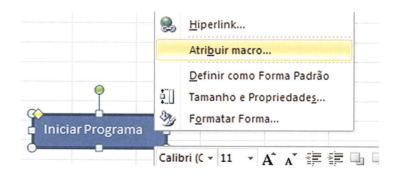

Aprendendo a estruturar um programa de investimentos

Seu programa de investimento está finalizado. Agora ficará mais fácil para o usuário iniciar a macro. Basta um simples clique no botão personalizado.

Conclusão

Como já explicado na introdução do livro e demonstrado capítulo por capítulo, a ferramenta da programação VBA dentro do Microsoft Excel é uma excelente forma de potencializar os benefícios do uso de planilha nas atividades do dia a dia. Por meio de exemplos e com explicações teóricas dos principais tópicos do VBA, o livro mostra ao usuário que é possível aprender a adaptar as diversas facilidades que a programação oferece nas atividades e situações de qualquer usuário, seja ele um profissional em uma empresa, um estudante ou mesmo um empreendedor.

É com grande prazer que os autores agradecem a oportunidade que você, leitor, nos deu ao utilizar este livro. Se o conteúdo abordado conseguiu aumentar a produtividade de suas planilhas e de alguma forma ajudou a desmistificar a programação VBA, então nossa missão foi cumprida!

Esta obra foi produzida nas
oficinas da Imos Gráfica e Editora na
cidade do Rio de Janeiro